国家示范性中等职业学校精品规划教材

焊工技能强化训练指导

闻淑华 主编

申海舰 刘 强 吴玉鹏 副主编
林广飞 孙 瑞 吴作斌

天津大学出版社
TIANJIN UNIVERSITY PRESS

图书在版编目（CIP）数据

焊工技能强化训练指导/闻淑华主编．—天津：天津大学出版社，2014.8

国家示范性中等职业学校精品规划教材

ISBN 978-7-5618-5177-7

Ⅰ．①焊…　Ⅱ．①闻…　Ⅲ．①焊接—中等专业学校—教学参考资料　Ⅳ．①TG4

中国版本图书馆 CIP 数据核字（2014）第 203677 号

出版发行 天津大学出版社

出 版 人 杨欢

地　　址 天津市卫津路 92 号天津大学内（邮编：300072）

电　　话 发行部：022-27403647

网　　址 publish. tju. edu. cn

印　　刷 天津市蓟县宏图印务有限公司

经　　销 全国各地新华书店

开　　本 185mm×260mm

印　　张 6.75

字　　数 168 千

版　　次 2014 年 9 月第 1 版

印　　次 2014 年 9 月第 1 次

定　　价 15.00 元

编审委员会

主　　编　闻淑华

副 主 编　申海舰　刘　强　吴玉鹏

　　　　　林广飞　孙　瑞　吴作斌

编审委员　陈光华　董学仁　何秉海　吴新利

前言

PREFACE

本书是根据我国当前职业教育教学改革和发展的需要，按照中等职业学校焊接专业教学大纲的要求，以初、中、高级电焊工职业资格培训鉴定课题为模块，针对焊接技能强化训练特点编写的。本书突出学生技能培养，以强技能、厚基础为教学目标，突出实用性和可操作性，以实践技能为核心，注重提高学生的职业实践能力和职业素养。在内容上力求准确、层次清晰、通俗易懂，使学生在专业学习中少走弯路，对焊接技术产生浓厚的学习兴趣。

本书的主要内容包括焊条电弧焊、二氧化碳气体保护电弧焊、钨极氩弧焊、气焊与气割等焊接方法的知识与技能以及焊接质量评价体系。每一个课题都有详细的焊接质量评分标准和个人小结，让学生在实训强化中能不断总结和提高。

在本书编写过程中，我们参考了大量的焊接培训教材及部分专业工具书，在此表示感谢。由于编者的水平有限，书中难免存在疏漏和欠妥之处，还望读者给予批评指正。

编　者

2014 年 6 月

目录

· CONTENTS ·

第一章 焊条电弧焊

第一节 焊接劳动保护

一、劳动保护用品的种类及使用

1．劳动保护用品的种类

（1）工作服。焊接工作服的种类很多，最常用的是白棉帆布工作服。白色对弧光有反射作用，棉帆布隔热、耐磨、不易燃烧，可防止烧伤。焊接与切割作业的工作服不能用一般合成纤维织物制作。

（2）焊工防护手套。焊工防护手套一般为牛（猪）革制手套或以棉帆布和皮革合成材料制成，具有绝缘、耐辐射、抗热、耐磨、不易燃和防止高温金属飞溅物烫伤等作用。在可能导电的焊接场所工作时，所用手套应经 3 000 V 耐压试验合格后方能使用。

（3）焊工防护鞋。焊工防护鞋应具有绝缘、抗热、不易燃、耐磨损和防滑的性能。焊工防护鞋的橡胶鞋底经 5 000 V 耐压试验合格（不击穿）后方能使用。如在易燃易爆场合焊接时，鞋底不应有鞋钉，以免产生摩擦火星。在有积水的地面焊接切割时，焊工应穿用经过 6 000 V 耐压试验合格的防水橡胶鞋。

（4）焊接防护面罩。电焊防护面罩上有合乎作业条件的滤光镜片，起防止焊接弧光辐射、保护眼睛的作用。镜片颜色以墨绿色和橙色为多。面罩壳体应选用阻燃或不燃的且不刺激皮肤的绝缘材料制成，应遮住面颈部和耳部，结构牢靠，无漏光，起防止弧光辐射和熔融金属飞溅物烫伤面部和颈部的作用。

（5）焊接护目镜。气焊、气割的防护眼镜片，主要起滤光、防止金属飞溅物烫伤眼睛的作用。应根据焊接、切割工件板的厚度选择。

（6）防尘口罩和防毒面具。

（7）耳塞、耳罩和防噪声帽盔。国家标准规定工业企业噪声一般不应超过 85 dB，最高不能超过 90 dB。

2．劳动保护用品的正确使用

（1）正确穿着工作服。穿工作服时要把衣领和袖口扣好，上衣不应扎在工作裤里边，工作服不应有破损、孔洞和缝隙，不允许粘有油脂；不允许穿潮湿的工作服。

（2）在仰位焊接、切割时，为了防止火星、熔渣从高处溅落到头部和肩上，焊工应在颈部围毛巾，穿戴用防燃材料制成的护肩、长套袖、围裙和鞋盖。

（3）电焊手套和焊工防护鞋不应潮湿和破损。

（4）正确选择电焊防护面罩上护目镜的遮光号以及气焊、气割防护镜的眼镜片。

二、焊接安全检查

1. 焊接场地、设备的安全检查

（1）检查焊接与切割作业点的设备、工具、材料是否排列整齐。不得乱堆乱放。

（2）检查焊接场地是否保留必要的通道。车辆通道宽度不小于 3 m，人行通道不小于 1.5 m。

（3）检查所有气焊胶管、焊接电缆线是否互相缠绕，如有缠绕必须分开。检查气瓶用后是否已移出工作场地。在工作场地，各种气瓶不得随便横躺竖放。

（4）检查焊工作业面积是否足够。焊工作业面积不应小于 4 m^2，地面应干燥，工作场地要有良好的自然采光或局部照明。

（5）检查焊割场地周围 10 m 范围内，各类可燃易爆物品是否清除干净。如不能清除干净，应采取可靠的安全措施，如用水喷湿或用防火盖板、湿麻袋、石棉布等覆盖。

（6）室内作业应检查通风是否良好。多点焊接作业或与其他工种混合作业时，各工位间应设防护屏。

（7）对焊接切割场地检查时要做到：仔细观察环境，分析各类情况，认真加强防护。

2. 工、夹具的安全检查

为了保证焊工的安全，在焊接前应对所使用的工具、夹具进行检查。

（1）电焊钳。焊接前应检查电焊钳与焊接电缆接头处是否牢固。此外，应检查钳口是否完好，以免影响焊条的夹持。

（2）面罩和护目镜片。主要检查面罩和护目镜片是否遮挡严密，有无漏光的现象。

（3）角向磨光机。要检查砂轮转动是否正常，有没有漏电的现象；砂轮片是否已经紧固，是否有裂纹、破损。要杜绝使用过程中砂轮碎片飞出伤人。

（4）锤子。要检查锤头是否松动，避免在打击中锤头甩出伤人。

（5）扁铲、錾子。应检查其边缘有无飞刺、裂痕，若有应及时清除，防止使用中碎块飞出伤人。

（6）夹具。各类夹具，特别是带有螺钉的夹具，要检查其上的螺钉是否转动灵活，若已锈蚀则应除锈并加以润滑，否则使用中会失去作用。

第二节 焊条电弧焊基本操作

一、引弧

焊条电弧焊施焊时，使焊条引燃焊接电弧的过程，称为引弧。常用的引弧方法有划擦法、直击法两种。

1. 划擦法

（1）优点：易掌握，不受焊条端部清洁情况（有无熔渣）限制。

（2）缺点：操作不熟练时，易损伤焊件。

（3）操作要领：类似划火柴。先将焊条端部对准焊缝，然后将手腕扭转，使焊条在焊件表面上轻轻划擦，划的长度以20～30 mm为佳，以减少对其表面的损伤，再将手腕扭平后迅速将焊条提起，使弧长约为所用焊条外径1.5倍，作“预热”动作（即停留片刻），其弧长不变，预热后将电弧压短至与所用焊条直径相符。在始焊点作适量横向摆动，且在起焊处稳弧（即稍停片刻）以形成熔池后进行正常焊接，如图1-1（a）所示。

2. 直击法

（1）优点：直击法是一种理想的引弧方法。适用于各种位置引弧，不易碰伤焊件。

（2）缺点：受焊条端部清洁情况限制，用力过猛时药皮易大块脱落，造成暂时性偏吹，操作不熟练时易粘于焊件表面。

（3）操作要领：焊条垂直于焊件，使焊条末端对准焊缝，然后将手腕下弯，使焊条轻碰焊件，引燃后，手腕放平，迅速将焊条提起，使弧长约为焊条外径1.5倍，稍作“预热”后，压低电弧，使弧长与焊条内径相等，且焊条横向摆动，待形成熔池后向前移动，如图1-1（b）所示。

影响电弧顺利引燃的因素有焊件清洁度、焊接电流、焊条质量、焊条酸碱性、操作方法等。

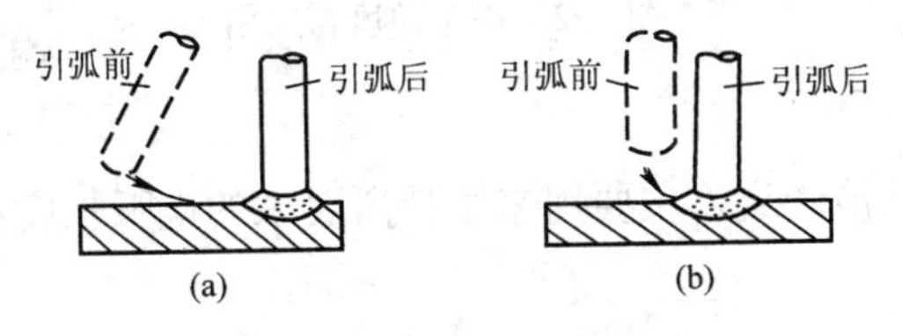

图1-1　引弧方法

（a）划擦法　（b）直击法

3. 引弧注意事项

（1）注意清理焊件表面，以免影响引弧及焊缝质量。

（2）引弧前应尽量使焊条端部焊芯裸露，若不裸露可用锉刀轻锉，或轻击地面。

（3）焊条与焊件接触后提起时间应适当。

（4）引弧时，若焊条与焊件出现粘连，应迅速使焊钳脱离焊条，以免烧损弧焊电源，待焊条冷却后，用手将焊条拿下。

（5）引弧前应夹持好焊条，然后使用正确操作方法进行焊接。

（6）初学引弧，要注意防止电弧光灼伤眼睛。对刚焊完的焊件和焊条头不要用手触摸，也不要乱扔，以免烫伤和引起火灾。

二、平敷焊

1. 平敷焊的特点

平敷焊是焊件处于水平位置时，在焊件上堆敷焊道的一种操作方法。在选定焊接工艺参数和操作方法的基础上，利用电弧电压、焊接速度，达到控制熔池温度、熔池形状来完成焊接焊缝的目的。

平敷焊是初学者进行焊接技能训练时必须掌握的一项基本技能，其焊接技术易掌握，焊缝无烧穿、焊瘤等缺陷，易获得良好焊缝成形和焊缝质量。

2. 运条

焊接过程中，焊条相对焊缝所做各种动作的总称叫运条。在正常焊接时，运条一般由三个基本运动相互配合，即沿焊条中心线向熔池送进、沿焊接方向移动、焊条横向摆动（平敷焊练习时焊条可不摆动），如图 1-2 所示。

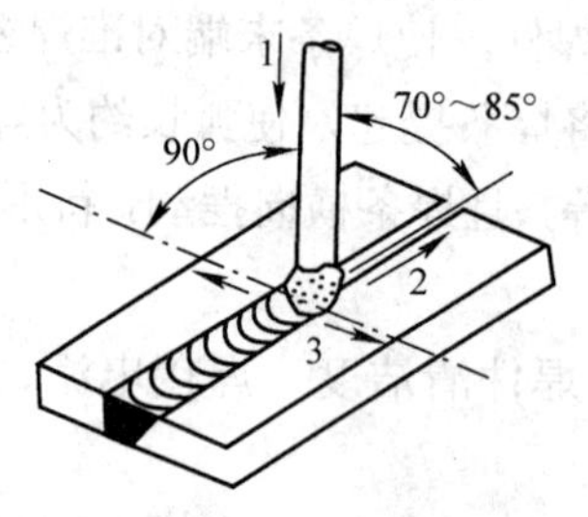

图 1-2　焊条角度与应用

1）焊条的送进

沿焊条的中心线向熔池送进，主要用来维持所要求的电弧长度和向熔池添加填充金属。

2）焊条纵向移动

焊条沿焊接方向移动，目的是控制焊道成形，若焊条移动速度太慢，则焊道会过高、过宽，外形不整齐，如图 1-3 所示。

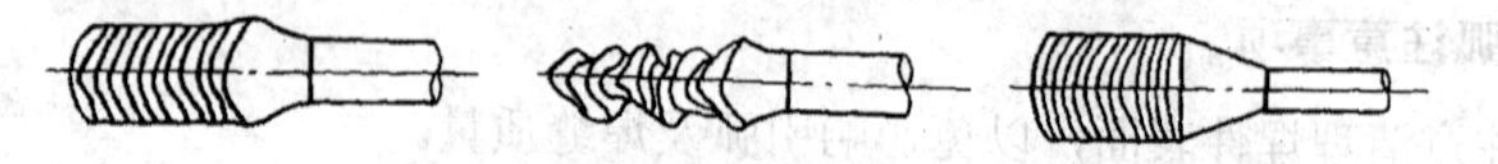

图 1-3　焊条沿焊接方向移动

3）焊条横向摆动

焊条横向摆动，主要是为了获得一定宽度的焊缝和焊道，也是对焊件输入足够的热量，排渣、排气等。

4）焊条角度

焊接时工件表面与焊条所形成的夹角称为焊条角度。

焊条角度应根据焊接位置、工件厚度、工作环境、熔池温度等来选择，如图 1-4 所示。

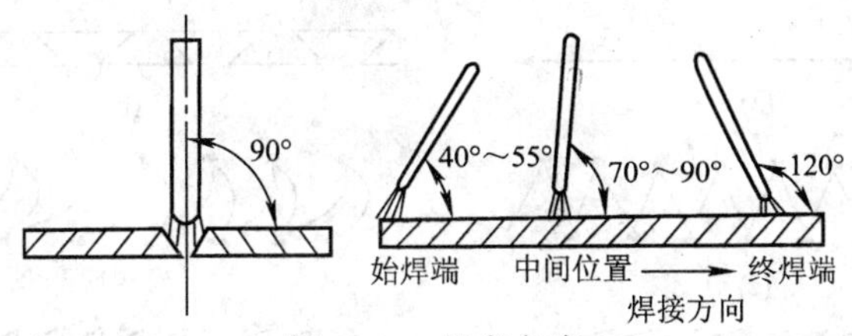

图 1-4　焊条角度

5）运条方法

运条方法应根据接头形式、间隙、焊缝位置、焊条直径、焊接电流及操作水平来确定。运条方法有以下几种。

（1）直线形运条法。焊条作直线移动[见图 1-5（a）]，可获得较大的熔深，但熔宽较窄。焊缝的宽度为焊条直径的 0.8～1.5 倍。适用于板厚 3～5 mm 不开坡口的对接平焊、多层焊的第一层及多层多道焊。

（2）直线往复运条法。焊条末端沿焊缝作直线形来回摆动[见图 1-5（b）]。这种方法的焊接速度快、焊缝窄，散热快，适用于间隙较大的多层焊的第一层焊缝和单面焊双面成形焊法的第二层焊缝。

（3）锯齿形运条法。焊条末端作锯齿形连续摆动[见图 1-5（c）]，并向前移动，而且在两侧稍停顿（电弧在两侧停顿的时间为在中间部位的 2 倍）。摆动的目的是控制熔池温度，防止金属下流和得到必要的焊缝宽度。此法操作容易，应用较广，适用于平焊、立焊、仰焊的对接焊缝及角接立焊缝的焊接。

（4）月牙形运条法。焊条末端沿焊接方向作月牙形左右摆动[见图 1-5（d）]，在两侧稍作停留，以防咬边。应用范围与锯齿形运条法相同。该法具有保温时间长、易使气体析出和熔渣上浮的优点。

（5）三角形运条法。焊条末端作连续的三角形运动，并不断向前移动。按摆动形式不同，又可分为斜三角形[见图 1-5（e）]和正三角形[见图 1-5（f）]两种。斜三角形运条法适用于平、仰位置的 T 形接头焊缝的有坡口横焊缝，它的优点是能够借焊条的摆动来控制熔化金属，促使焊缝成形良好。正三角运条法只适用于开坡口的对接接头和 T 形接头的立焊，它的特点是一次可焊出较厚的焊缝断面，焊缝不易产生夹渣。

（6）圆圈形运条法。焊条末端连续作正圆圈形[见图 1-5（g）]或斜圆圈形[见图 1-5（h）]运动，并不断进行前移。正圆圈运条法只适用于焊接厚焊件的平焊缝，它的优点是熔池存在时间长，有利于熔池中的气体析出和熔渣上浮。斜圆圈运条法适用于 T 形接头的平、仰焊缝和对接接头的横焊缝及斜焊缝的焊接。

（7）8 字运条法。焊条末端连续作 8 字形运动[见图 1-5（i）、（j）]，并不断前移。这样运条的优点是保证焊缝两侧充分加热，使之熔化均匀，保证焊透。它适用于厚板有坡口的对接焊缝。

6）运条时的注意事项

（1）焊条运至焊缝两侧时应稍作停顿，并压低电弧。

（2）三个动作运行时要有规律，应根据焊接位置、接头形式、焊条直径与性能、焊接电流大小以及技术熟练程度等因素来掌握。

（3）对于碱性焊条，应选用较短电弧进行操作。

（4）焊条在向前移动时，应达到匀速运动，不能时快时慢。

（5）运条方法的选择应在实习指导教师的指导下，根据实际情况确定。

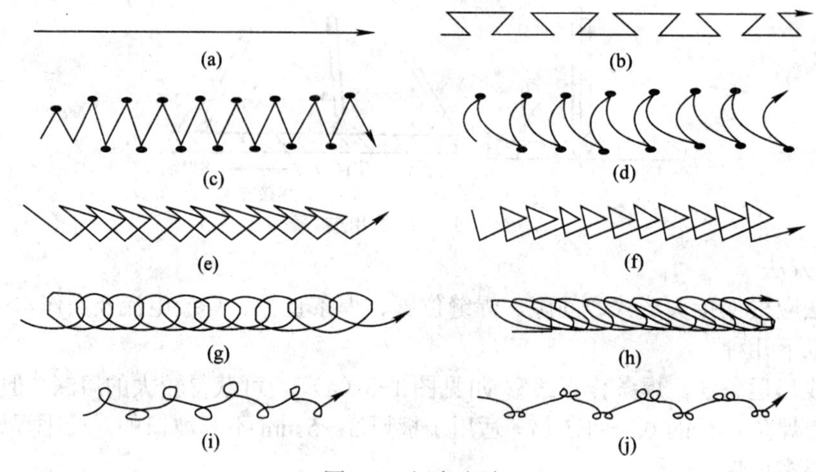

图 1-5　运条方法
（a）直线形　（b）直线往复　（c）锯齿形　（d）月牙形　（e）斜三角形
（f）正三角形　（g）正圆圈形　（h）斜圆圈形　（i）、（j）8 字形

3．接头技术

1）焊道的连接方式

焊条电弧焊时，由于受到焊条长度的限制或操作姿势的变化，不可能一根焊条完成一条焊缝，因而出现了焊道前后两段的连接。焊道连接一般有以下方式。

（1）后焊焊缝的起头与先焊焊缝结尾相接，如图 1-6（a）所示。

（2）后焊焊缝的起头与先焊焊缝起头相接，如图 1-6（b）所示。

（3）后焊焊缝的结尾与先焊焊缝结尾相接，如图 1-6（c）所示。

（4）后焊焊缝的结尾与先焊焊缝起头相接，如图 1-6（d）所示。

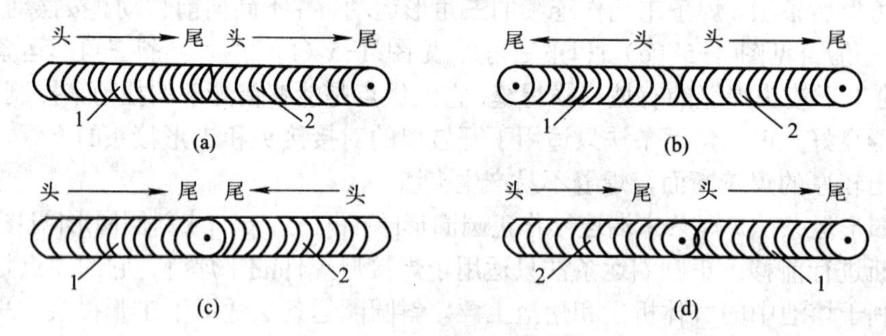

图 1-6　焊缝接头的四种方式
（a）头尾相接　（b）头头相接　（c）尾尾相接　（d）尾头相接

2）焊道连接注意事项

（1）接头时引弧应在弧坑前 10 mm 任何一个待焊面上进行，然后迅速移至弧坑处画圈进行正常焊接。

（2）接头时应对前一道焊缝端部进行认真的清理，必要时可对接头处进行修整，这样有利于保证接头的质量。

4．焊缝的收尾

焊接时电弧中断和焊接结束都会产生弧坑，常出现疏松、裂纹、气孔、夹渣等现象。为了克服弧坑缺陷，就必须采用正确的收尾方法，一般常用的有三种。

1）画圈收尾法

焊条移至焊缝终点时，作圆圈运动，直到填满弧坑再拉断电弧。此法适用于厚板收尾，如图 1-7（a）所示。

2）反复断弧收尾法

焊条移至焊缝终点时，在弧坑处反复熄弧、引弧数次，直到填满弧坑为止。此法一般适用于薄板和大电流焊接，不适用于碱性焊条，如图 1-7（b）所示。

3）回焊收尾法

焊条移至焊缝收尾处即停住，并随改变焊条角度回焊一小段。此法适用于碱性焊条，如图 1-7（c）所示。

收尾方法的选用还应根据实际情况来确定，可单项使用，也可多项结合使用。无论选用何种方法都必须将弧坑填满，达到无缺陷为止。

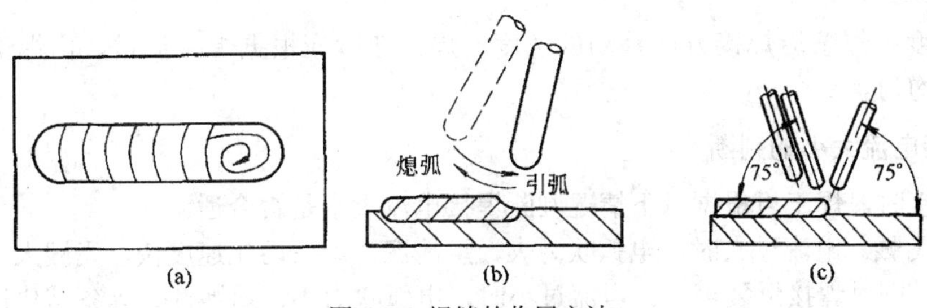

图 1-7　焊缝的收尾方法

（a）画圈收尾法　（b）反复断弧收尾法　（c）回焊收尾法

三、焊条电弧焊规范

焊接规范是为了保证焊接质量而选择的物理量和做出有关规定的总称。各物理量称为焊接参数。焊条电弧焊的规范主要有：焊条直径、焊接电流、电弧电压、焊接速度、焊条牌号、电源种类和极性、焊接层次、层间温度及预热温度等。

1. 焊条直径

焊条直径的选择与下列因素有关。

（1）焊件厚度。厚度较大的焊件选用直径较大的焊条，见表 1-1。

（2）焊缝空间位置。平焊位置选用的焊条直径比其他位置大一些，立焊时最大焊条直径不超过 5 mm，而仰焊和横焊所用焊条直径不应超过 4 mm。

（3）焊接层次。多层焊时为了防止根部焊不透，第一层焊道用小直径焊条，其他各层可根据坡口大小及焊件厚度选用大直径焊条。

表 1-1　焊件厚度和焊条直径的选用关系

焊件厚度/mm	<2.0	2.0	3.0	4.0～5.0	6.0～12.0	>13.0
焊条直径/mm	1.5	2.0	3.2	3.2～4.0	4.0～5.0	5.0～6.0

2. 焊接电流

焊接电流的大小主要决定于焊条直径和焊缝空间位置，其次是焊件厚度、接头形式、焊接层数等。焊接电流与焊条直径的关系可按下列经验公式确定：

$$l=Kd$$

式中 l——焊接电流，A；

d——焊条直径，mm；

K——经验系数，见表1-2。

表1-2 焊条直径与经验系数

焊条直径/mm	1～2	2～4	4～6
经验系数 K	25～30	30～40	40～60

3．电弧电压

焊条电弧焊的电弧电压由电弧长度决定。弧长，则电弧电压高；弧短，则电弧电压低。

4．焊接速度

焊接速度是焊条沿焊接方向移动的速度。焊接速度应根据焊接质量，由焊工适当地控制，并保持均匀。

5．焊接电流大小的判断

实际焊接时，焊工可根据以下情况判断焊接电流大小是否合适。

（1）看飞溅。电流过大时，电弧吹力大，熔池深，焊条熔化速度快，飞溅大，焊缝两侧表面不干净，同时焊接爆裂声大；电流过小时，电弧吹力小，熔池浅，焊条熔化速度慢，飞溅小，熔渣和铁液分不清。

（2）看焊缝成形。电流过大时，焊缝波纹低，两侧易出现“咬边”；电流过小时，焊缝窄而高，两侧和母材熔合不好。

（3）看焊条熔化。电流过大时，后半根焊条发红，药皮易脱落；电流过小时，电弧燃烧不稳定，焊条容易粘在焊件上。

6．注意事项

（1）焊接时要注意对熔池的观察，熔池的亮度反映熔池的温度，熔池的大小反映焊缝的宽窄；注意对熔渣和熔化金属的分辨。

（2）焊道的起头、运条、连接和收尾的方法要正确。

（3）正确使用焊接设备，调节焊接电流。

（4）焊接的起头和连接处基本平滑，无局部过高、过宽现象，收尾处无缺陷。

（5）焊波均匀，无任何焊缝缺陷。

（6）焊后焊件无引弧痕迹。

（7）训练时注意安全，焊后焊件及焊条头应妥善保管或放好，以免烫伤。

（8）为了延长弧焊电源的使用寿命，调节电流应在空载状态下进行，调节极性应在焊接电源未闭合状态下进行。

（9）在实习场所周围应有灭火器材。

（10）操作时必须穿戴好工作服、鞋盖和手套等防护用品。

（11）必须戴防护遮光面罩，以防电弧灼伤眼睛。

（12）弧焊电源外壳必须有良好的接地或接零，焊钳绝缘手柄必须完整无缺。

第三节　焊条电弧焊实训课题

课题一　焊条电弧焊I形坡口板对接平敷焊

<table>
<tr><td rowspan="2">母材</td><td>牌号</td><td colspan="2">Q235A</td><td colspan="2" rowspan="2">焊条</td><td colspan="2">牌号</td><td>E4303</td></tr>
<tr><td>规格</td><td colspan="2">300×100×8</td><td colspan="2">规格</td><td>ϕ3.2</td></tr>
<tr><td colspan="4">焊接位置示意图</td><td colspan="5">焊接方向
85°</td></tr>
<tr><td>焊前准备</td><td colspan="8">1．平敷焊是在平焊位置上堆敷焊道的一种操作方法。如上图所示
2．试件清理：将试件待焊处长300 mm、宽30 mm范围内的表面油、污物、铁锈等清理干净，使其露出金属光泽
3．试件装配：装配间隙0.5～1.0 mm，采用两点固定法
4．焊接电源：交流弧焊电源或直流弧焊电源均可</td></tr>
<tr><td rowspan="2">焊层道号</td><td rowspan="2">焊接方法</td><td colspan="2">焊条</td><td rowspan="2">电流范围/A</td><td rowspan="2">电压范围/V</td><td rowspan="2">焊接速度/（mm/min）</td><td rowspan="2">焊接走向</td><td rowspan="2">接头数量</td></tr>
<tr><td>规格</td><td>数量</td></tr>
<tr><td>1-1</td><td>SMAW</td><td>ϕ3.2</td><td>3</td><td>110～130</td><td>24～26</td><td>120～160</td><td>从左向右</td><td>2</td></tr>
<tr><td>操作要领</td><td colspan="8">1．引弧方法：采用划擦法或直击法引弧。先将焊条前端对准焊件，然后将手腕扭转在焊件上划擦一下或在焊件上轻微碰一下，再迅速将焊条提起2～4 mm即产生电弧
2．焊道的起头：在引弧后先将电弧稍微拉长5～6 mm，在焊件端头停留1～2 s，使电弧对端头有预热作用，然后缩短电弧2～4 mm进行正常焊接；运条方法采用直线形，焊条与前方夹角为85°，与两边钢板夹角为90°
3．接头方法：采用冷接法接头，先将弧坑处的熔渣清理干净，然后在焊道弧坑前10 mm引弧，拉长电弧移到弧坑2/3处预热片刻，然后缩短电弧并作横向摆动，填满弧坑后即向前正常焊接
4．收尾方法：采用画圈收尾法或反复断弧收尾法，注意要填满弧坑
5．焊接过程中注意保持焊条角度和运条的均匀性</td></tr>
<tr><td>安全要求</td><td colspan="8">1．焊前注意穿戴整齐个人劳保用品；检查设备各接线处是否有松动现象，焊钳及电缆线是否有破损；防止漏电和接触不良现象
2．初学焊条电弧焊时同学们好奇心强，但焊接过程中要注意个人保护及提醒周围同学注意防范，以免电弧光灼伤眼睛
3．清渣注意遮挡，防止飞溅伤及自己及旁人；并注意防止焊件烧伤电缆线。焊后焊钳小心轻放，不能用手直接触摸焊件，防止烫伤
4．焊完的每根焊条头要放在工位指定的盒内，不允许随便乱扔，防止烫伤脚
5．焊后必须把焊件表面熔渣和飞溅物清理干净。每天工作完毕清理现场</td></tr>
</table>

评　分　表

班级　　　　　　　　　　　　　　　　　　　　姓名　　　　　　　　　　　　　　　年　　月　　日

<table>
<tr><td>考件名称</td><td>焊条电弧焊I形坡口板对接平敷焊</td><td>考核时间</td><td>10 min</td><td>总分</td><td></td></tr>
<tr><td>项目</td><td>考核技术要求</td><td>配分</td><td colspan="2">评分标准</td><td>得分</td></tr>
<tr><td rowspan="14">焊缝外观质量</td><td>焊缝余高（h）$0 \leq h \leq 3$ mm</td><td>8</td><td colspan="2">每超差1 mm扣2分</td><td></td></tr>
<tr><td>焊缝余高差（h_1）$0 \leq h_1 \leq 2$ mm</td><td>5</td><td colspan="2">每超差1 mm扣1分</td><td></td></tr>
<tr><td>焊缝宽度10～12 mm</td><td>5</td><td colspan="2">每超差1 mm扣1分</td><td></td></tr>
<tr><td>焊缝宽度差（c_1）$0 \leq c_1 \leq 2$ mm</td><td>5</td><td colspan="2">每超差1 mm扣1分</td><td></td></tr>
<tr><td>焊缝边缘直线度误差≤3 mm</td><td>8</td><td colspan="2">每超差1 mm扣1分</td><td></td></tr>
<tr><td>咬边缺陷深度$F \leq 0.5$ mm，累计长度<30 mm</td><td>8</td><td colspan="2">每超差1 mm扣2分，扣完为止</td><td></td></tr>
<tr><td>无夹渣</td><td>6</td><td colspan="2">每出现一处缺陷扣3分</td><td></td></tr>
<tr><td>无未熔合</td><td>5</td><td colspan="2">出现缺陷不得分</td><td></td></tr>
<tr><td>起头良好</td><td>6</td><td colspan="2">出现缺陷不得分</td><td></td></tr>
<tr><td>无焊瘤</td><td>6</td><td colspan="2">每出现一处焊瘤扣2分</td><td></td></tr>
<tr><td>收尾处弧坑填满</td><td>6</td><td colspan="2">出现缺陷不得分</td><td></td></tr>
<tr><td>无气孔</td><td>6</td><td colspan="2">每出现一处气孔扣2分</td><td></td></tr>
<tr><td>接头无脱节</td><td>6</td><td colspan="2">每出现一处脱节扣3分</td><td></td></tr>
<tr><td>焊缝表面波纹细腻、均匀，成形美观</td><td>10</td><td colspan="2">根据成形酌情扣分</td><td></td></tr>
<tr><td>安全文明生产</td><td>按照国家安全生产法规有关规定考核</td><td>5</td><td colspan="2">1. 劳保用品穿戴不全，扣2分
2. 焊接过程中有违反安全操作规程的现象，根据情况扣2～5分
3. 焊完后场地清理不干净，工具码放不整齐，扣3分</td><td></td></tr>
<tr><td>时限</td><td>焊件必须在考核时间内完成</td><td>5</td><td colspan="2">超时<2 min扣2分
超时3～5 min扣5分
超时>7 min不及格</td><td></td></tr>
<tr><td>个人小结</td><td colspan="5"></td></tr>
</table>

课题二　焊条电弧焊 T 形接头平角焊

母材	牌号	Q235A	焊条	牌号	E4303
	规格	300×100×8		规格	ϕ3.2

焊接位置示意图	焊接方向
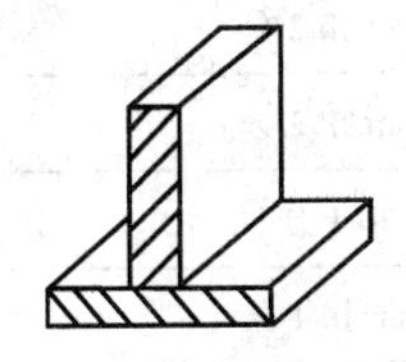	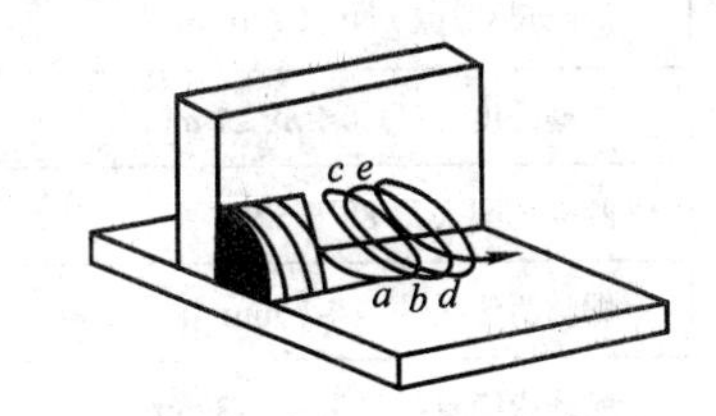

焊前准备

1．平角焊：包括角接接头、T 形接头和搭接接头，是使其接头处于水平位置进行焊接的操作方法。如上图所示

2．试件清理：将试件待焊处长 300 mm、宽 30 mm 范围内的表面油、污物、铁锈等清理干净，使其露出金属光泽

3．试件装配：不留间隙，采用两点固定法

4．焊接电源：交流弧焊电源或直流弧焊电源均可

焊层道号	焊接方法	焊条		电流范围/A	电压范围/V	焊接速度/（mm/min）	焊脚尺寸/mm	焊接走向	接头数量
		规格	数量						
1-1	SMAW	ϕ3.2	3	125～140	22～24	120～160	6	从左向右	2
2-1	SMAW	ϕ3.2	4	110～125	22～24	100～130	10	从左向右	3

操作要领

1．引弧方法：采用划擦法或直击法引弧

2．第一层焊道运条方法采用直线形，焊接电流应稍大些，以达到一定的熔透深度。焊条与前方夹角为 70°～80°，与两钢板夹角为 45°

3．第二层采用斜圆圈形或斜锯齿形运条法，运条必须有规律，注意焊道两侧的停顿节奏，否则容易产生咬边、夹渣、边缘熔合不良等缺陷

4．收尾方法：采用画圈收尾法或反复断弧收尾法，注意要填满弧坑

5．焊接过程中注意保持焊条角度和运条的均匀性

安全要求

1．焊前注意穿戴整齐个人劳保用品；检查设备各接线处是否有松动现象，焊钳及电缆线是否有破损；防止漏电和接触不良现象

2．初学焊条电弧焊时同学们好奇心强，但焊接过程中要注意个人保护及提醒周围同学注意防范，以免电弧光灼伤眼睛

3．清渣注意遮挡，防止飞溅伤及自己及旁人；并注意防止焊件烧伤电缆线。焊后焊钳小心轻放，不能用手直接触摸焊件，防止烫伤

4．焊完的每根焊条头要放在工位指定的盒内，不允许随便乱扔，防止烫伤脚

5．焊后必须把焊件表面熔渣和飞溅物清理干净。每天工作完毕清理现场

评　分　表

班级　　　　　　　　　　　　　　　　姓名　　　　　　　　　　　　　年　　月　　日

<table>
<tr><td>考件名称</td><td>焊条电弧焊T形接头平角焊</td><td>考核时间</td><td>20 min</td><td>总分</td><td></td></tr>
<tr><td>项目</td><td>考核技术要求</td><td>配分</td><td colspan="2">评分标准</td><td>得分</td></tr>
<tr><td rowspan="13">焊缝外观质量</td><td>焊脚尺寸（k）$8\leqslant k\leqslant 10$ mm</td><td>6</td><td colspan="2">每超差1 mm扣2分</td><td></td></tr>
<tr><td>焊缝凸度（h'）$0\leqslant h'\leqslant 1$ mm</td><td>6</td><td colspan="2">每超差1 mm扣2分</td><td></td></tr>
<tr><td>两板之间夹角88°～92°</td><td>6</td><td colspan="2">每超差1°扣1分</td><td></td></tr>
<tr><td>焊脚两边尺寸差≤2 mm</td><td>6</td><td colspan="2">每超差1 mm扣1分</td><td></td></tr>
<tr><td>焊缝边缘直线度误差≤3 mm</td><td>6</td><td colspan="2">每超差1 mm扣1分</td><td></td></tr>
<tr><td>咬边缺陷深度$F\leqslant 0.5$ mm，累计长度＜30mm</td><td>8</td><td colspan="2">每超差1 mm扣2分，扣完为止</td><td></td></tr>
<tr><td>无未焊透</td><td>8</td><td colspan="2">每出现一处缺陷扣2分</td><td></td></tr>
<tr><td>收尾弧坑填满</td><td>8</td><td colspan="2">未填满不得分</td><td></td></tr>
<tr><td>无未熔合</td><td>8</td><td colspan="2">出现缺陷不得分</td><td></td></tr>
<tr><td>无焊瘤</td><td>6</td><td colspan="2">每出现一处焊瘤扣2分</td><td></td></tr>
<tr><td>无气孔</td><td>6</td><td colspan="2">每出现一处气孔扣2分</td><td></td></tr>
<tr><td>接头无脱节</td><td>6</td><td colspan="2">每出现一处脱节扣1分</td><td></td></tr>
<tr><td>焊缝表面波纹细腻、均匀，成形美观</td><td>10</td><td colspan="2">根据成形酌情扣分</td><td></td></tr>
<tr><td>安全文明生产</td><td>按照国家安全生产法规有关规定考核</td><td>5</td><td colspan="2">1. 劳保用品穿戴不全，扣2分
2. 焊接过程中有违反安全操作规程的现象，根据情况扣2～5分
3. 焊完后场地清理不干净，工具码放不整齐，扣3分</td><td></td></tr>
<tr><td>时限</td><td>焊件必须在考核时间内完成</td><td>5</td><td colspan="2">超时＜2 min扣2分
超时3～5 min扣5分
超时＞7 min不及格</td><td></td></tr>
<tr><td>个人小结</td><td colspan="5"></td></tr>
</table>

课题三　焊条电弧焊 V 形坡口板对接平焊

母材	牌号	Q235A	焊条	牌号	E4303
	规格	300×100×12		规格	ϕ3.2/4.0

焊接位置示意图

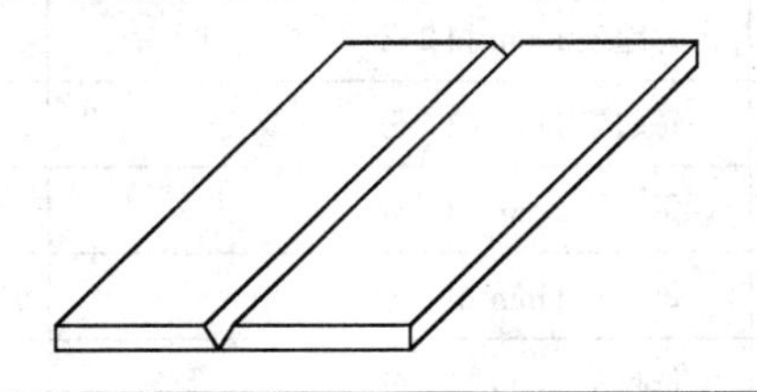

焊接顺序

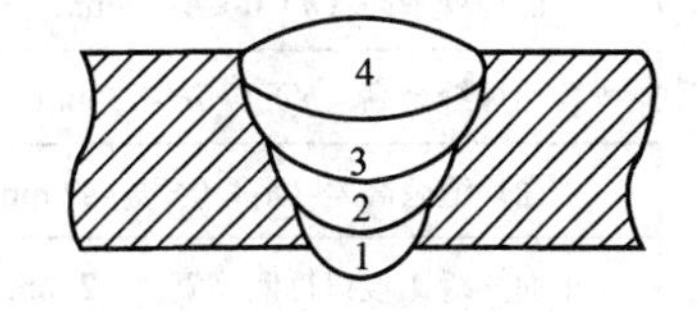

焊前准备

1．坡口制备：坡口面角度为 30°。焊接位置如上图

2．试件清理：将母材距坡口 30 mm 范围内的内外表面油、污物、铁锈等清理干净，使其露出金属光泽

3．试件装配：装配间隙为 3～4 mm，钝边为 1～1.5 mm，点固焊为两点，位于两端，长度为 10～15 mm，反变形 3°～4°，并做到两面平齐

4．要求：单面焊双面成形

焊层道号	焊接方法	焊条		电流范围/A	电压范围/V	焊接速度/(mm/min)	焊接走向	接头数量
		规格	数量					
1-1	SMAW	ϕ3.2	6	100～110	22～24	80～90	从左向右	5
2-1	SMAW	ϕ4.0	2	160～180	22～26	190～270	从左向右	1
3-1	SMAW	ϕ4.0	2	160～180	22～26	190～270	从左向右	1
4-1	SMAW	ϕ4.0	2	150～170	22～24	190～270	从左向右	1

操作要领

1．打底层：运条要掌握一看（看熔池大小和状态）、二听（听击穿的“噗噗”声）、三准（铁水送给到位，准确）、四短（灭弧与接弧的时间要短）。注意焊缝两侧的停留和控制熔孔的大小。接头时先在熔池前方做一熔孔，然后回焊或快速点焊 2～3 点后再收弧，迅速更换焊条，在弧坑前引弧后运条到弧坑处或直接在弧坑处预热后斜下压运条和原熔孔一样大后灭弧，随即恢复正常打底运条方法。焊条与前方夹角以 45°～60°为宜

2．填充层：电流稍大一些，采用月牙形和锯齿形运条方法，到坡口两侧处稍作停顿，第三层焊完后应比坡口边缘低 0.5～1 mm

3．盖面层：电流适当小些，焊条与前方夹角以 85°为宜，熔池呈椭圆形、清晰明亮，大小和形状始终保持一致。接头时，收弧前对熔池稍加铁水后灭弧，迅速更换焊条，在弧坑前 10 mm 左右引弧后拉到弧坑 2/3 处填满弧坑，然后正常进行焊接。收尾和平敷焊一样，回收画椭圆螺旋圈，反复二到三次直至填满

安全要求

1．焊前注意穿戴个人劳保用品；检查设备各接线处是否有松动现象，焊钳及电缆线是否有破损，防止漏电和接触不良现象。焊接过程中注意个人保护及提醒周围同学注意防范

2．清渣注意遮挡，防止飞溅伤及自己及旁人；并注意防止焊件烧伤电缆线

3．焊后焊钳小心轻放，不能用手直接触摸焊件，防止烫伤

4．焊后必须把焊件表面熔渣和飞溅物清理干净。每天工作完毕清理现场

评　分　表

班级　　　　　　　　　　　　　　姓名　　　　　　　　　　　年　　月　　日

<table>
<tr><td>考件名称</td><td>焊条电弧焊V形坡口板对接平焊</td><td>考核时间</td><td>45 min</td><td>总分</td><td></td></tr>
<tr><td>项目</td><td>考核技术要求</td><td>配分</td><td colspan="2">评分标准</td><td>得分</td></tr>
<tr><td rowspan="15">焊缝外观质量</td><td>正面焊缝余高（h）$0 \leq h \leq 3$ mm</td><td>6</td><td colspan="2">每超差1 mm扣2分</td><td></td></tr>
<tr><td>背面焊缝余高（h'）$0 \leq h' \leq 3$ mm</td><td>6</td><td colspan="2">每超差1 mm扣2分</td><td></td></tr>
<tr><td>正面焊缝余高差（h_1）$0 \leq h_1 \leq 2$ mm</td><td>5</td><td colspan="2">每超差1 mm扣1分</td><td></td></tr>
<tr><td>正面焊缝比坡口每侧增宽1～2 mm</td><td>5</td><td colspan="2">每超差1 mm扣1分</td><td></td></tr>
<tr><td>焊缝宽度差（c_1）$0 \leq c_1 \leq 2$ mm</td><td>5</td><td colspan="2">每超差1 mm扣1分</td><td></td></tr>
<tr><td>焊缝边缘直线度误差≤3 mm</td><td>8</td><td colspan="2">每超差1 mm扣1分</td><td></td></tr>
<tr><td>焊后角变形（θ）$\theta \leq 3°$</td><td>8</td><td colspan="2">每超差1°扣2分</td><td></td></tr>
<tr><td>咬边缺陷深度$F \leq 0.5$ mm，累计长度＜30 mm</td><td>8</td><td colspan="2">每超差1 mm扣2分，扣完为止</td><td></td></tr>
<tr><td>无未焊透</td><td>6</td><td colspan="2">每出现一处缺陷扣2分</td><td></td></tr>
<tr><td>无未熔合</td><td>5</td><td colspan="2">出现缺陷不得分</td><td></td></tr>
<tr><td>错变量≤0.5 mm</td><td>3</td><td colspan="2">不符合质量要求不得分</td><td></td></tr>
<tr><td>无焊瘤</td><td>6</td><td colspan="2">每出现一处焊瘤扣2分</td><td></td></tr>
<tr><td>无气孔</td><td>6</td><td colspan="2">每出现一处气孔扣2分</td><td></td></tr>
<tr><td>接头无脱节</td><td>3</td><td colspan="2">每出现一处脱节扣1分</td><td></td></tr>
<tr><td>焊缝表面波纹细腻、均匀，成形美观</td><td>10</td><td colspan="2">根据成形酌情扣分</td><td></td></tr>
<tr><td>安全文明生产</td><td>按照国家安全生产法规有关规定考核</td><td>5</td><td colspan="2">1．劳保用品穿戴不全，扣2分
2. 焊接过程中有违反安全操作规程的现象，根据情况扣2～5分
3．焊完后场地清理不干净，工具码放不整齐，扣3分</td><td></td></tr>
<tr><td>时限</td><td>焊件必须在考核时间内完成</td><td>5</td><td colspan="2">超时＜5 min扣2分
超时5～10 min扣5分
超时＞10 min不及格</td><td></td></tr>
<tr><td>个人小结</td><td colspan="5"></td></tr>
</table>

课题四 焊条电弧焊平板立敷焊

母材	牌号	Q235A	焊条	牌号	E4303
	规格	300×100×8		规格	ϕ3.2

焊接位置示意图	焊接方向
	70° ~80°

焊前准备

1. 立敷焊是在立焊位置上堆敷焊道的一种操作方法。如上图所示
2. 试件清理：将试件待焊处长 300 mm、宽 30 mm 范围内的表面油、污物、铁锈等清理干净，使其露出金属光泽
3. 试件装配：装配间隙 0.5～1.0 mm，采用两点固定
4. 焊接电源：交流弧焊电源或直流弧焊电源均可

焊层道号	焊接方法	焊条		电流范围/A	电压范围/V	焊接速度/(mm/min)	焊接走向	接头数量
		规格	数量					
1-1	SMAW	ϕ3.2	4	90～100	22～26	90～130	立向上	3

操作要领

1. 引弧方法：采用划擦法或直击法引弧。先将焊条前端对准焊件，然后将手腕扭转在焊件上划擦一下或在焊件上轻微碰一下，再迅速将焊条提起 2～4 mm 即产生电弧
2. 焊道的起头：在引弧后先将电弧稍微拉长 5～6 mm，在焊件端头停留 1～2 s，使电弧对端头有预热作用，然后缩短电弧 2～3 mm 进行正常焊接；运条方法采用锯齿形或小月牙形，短弧焊接；焊条与下方夹角为 70°～80°，与钢板两边夹角为 90°
3. 接头方法：采用冷接法接头。先将弧坑处的熔渣清理干净，然后在焊道弧坑前 10 mm 引弧，把焊条与下方夹角增大到 90°，拉长电弧移到弧坑 2/3 处预热片刻，然后缩短电弧并作横向摆动，填满弧坑后即向前正常焊接
4. 收尾方法：采用反复断弧收尾法，注意要填满弧坑
5. 焊接过程中注意保持焊条角度和运条的均匀性

安全要求

1. 焊前注意穿戴个人劳保用品；检查设备各接线处是否有松动现象，焊钳及电缆线是否有破损；防止漏电和接触不良现象
2. 焊接过程中注意个人保护及提醒周围同学注意防范，以免电弧光灼伤眼睛
3. 清渣注意遮挡，防止飞溅伤及自己及旁人；并注意防止焊件烧伤电缆线
4. 焊后焊钳小心轻放，不能用手直接触摸焊件，防止烫伤
5. 焊完的每根焊条头要放在工位指定的盒内，不允许随便乱扔，防止烫伤脚
6. 焊后必须把焊件表面熔渣和飞溅物清理干净。每天工作完毕清理现场

评　分　表

班级　　　　　　　　　　　　　　　　姓名　　　　　　　　　　　　年　　月　　日

考件名称	焊条电弧焊平板立敷焊	考核时间	15 min	总分
项目	考核技术要求	配分	评分标准	得分
焊缝外观质量	焊缝余高（h）$0 \leqslant h \leqslant 4$ mm	8	每超差 1 mm 扣 2 分	
	焊缝余高差（h_1）$0 \leqslant h_1 \leqslant 3$ mm	5	每超差 1 mm 扣 1 分	
	焊缝宽度 14～16 mm	5	每超差 1 mm 扣 1 分	
	焊缝宽度差（c_1）$0 \leqslant c_1 \leqslant 3$ mm	5	每超差 1 mm 扣 1 分	
	焊缝边缘直线度误差≤3 mm	8	每超差 1 mm 扣 1 分	
	咬边缺陷深度 $F \leqslant 0.5$ mm，累计长度＜30 mm	8	每超差 1 mm 扣 2 分，扣完为止	
	无夹渣	6	每出现一处缺陷扣 3 分	
	无未熔合	5	出现缺陷不得分	
	起头良好	6	出现缺陷不得分	
	无焊瘤	6	每出现一处焊瘤扣 2 分	
	收尾处弧坑填满	6	出现缺陷不得分	
	无气孔	6	每出现一处气孔扣 2 分	
	接头无脱节	6	每出现一处脱节扣 3 分	
	焊缝表面波纹细腻、均匀，成形美观	10	根据成形酌情扣分	
安全文明生产	按照国家安全生产法规有关规定考核	5	1．劳保用品穿戴不全，扣 2 分 2．焊接过程中有违反安全操作规程的现象，根据情况扣 2～5 分 3．焊完后场地清理不干净，工具码放不整齐，扣 3 分	
时限	焊件必须在考核时间内完成	5	超时＜2 min 扣 2 分 超时 3～5 min 扣 5 分 超时＞10 min 不及格	
个人小结				

课题五　焊条电弧焊 V 形坡口板对接立焊

母材	牌号	Q235A	焊条	牌号	E4303
	规格	300×100×12		规格	ϕ3.2

焊接位置示意图

焊接顺序

1 2 3 4

焊前准备

1．坡口制备：采用氧-乙炔火焰加工坡口，坡口面角度为 30°。如上图所示

2．试件清理：将母材距坡口 30 mm 范围内的内外表面油、污物、铁锈等清理干净，使其露出金属光泽

3．试件装配：装配间隙为 3～4 mm，钝边为 1～1.5 mm，点固焊为两点，位于两端坡口内侧，长度为 10～15 mm，反变形 2°～3°，并做到两面平齐

4．要求：单面焊双面成形

焊层道号	焊接方法	焊条		电流范围/A	电压范围/V	焊接速度/（mm/min）	焊接走向	接头数量
		规格	数量					
1-1	SMAW	ϕ3.2	6	90～100	19～20	60～100	立向上	5
2-1	SMAW	ϕ3.2	3	90～105	20～21	60～100	立向上	2
3-1	SMAW	ϕ3.2	3	90～105	20～21	80～120	立向上	2
4-1	SMAW	ϕ3.2	6	90～100	20～21	80～120	立向上	5

操作要领

1．打底：引燃电弧，拉长电弧对焊缝端头进行预热，当观察到坡口内有焊珠时立即压低电弧至 2～3 mm 进行焊接；当发现有熔孔时立即停弧，等到温度略低后在原来熄弧处再次引燃电弧，如此反复向前施焊，直至焊完整条焊缝为止。焊接过程中应注意焊缝两侧的停留和控制熔孔的大小。接头时先在熔池前方做一熔孔，然后回焊向下收弧，迅速更换焊条，在弧坑前引弧后运条到弧坑处或直接在弧坑处预热后斜下压运条和原熔孔一样大后灭弧（接头时焊条角度可加大到 90°～100°），随即恢复正常打底运条方法。焊条与前方夹角以 70°～80°为宜

2．填充层：电流稍大一些，采用小正月牙形运条方法，到坡口两侧处稍作停顿，第三层焊完后应比坡口边缘低 1 mm 左右。收尾方法和平敷焊相同

3．盖面层：电流小些，焊条与前方夹角以 80°～85°为宜，熔池成横椭圆形、清晰明亮，大小和形状始终保持一致。接头时，收弧前对熔池稍加铁水后灭弧，迅速更换焊条，在弧坑前 10 mm 左右引弧后拉到弧坑沿边缘运条填满弧坑，然后正常进行焊接

安全要求

1．焊前注意穿戴个人劳保用品；检查设备各接线处是否有松动现象，焊钳及电缆线是否有破损，防止漏电和接触不良现象。焊接过程中注意个人保护及提醒周围同学注意防范

2．清渣注意遮挡，防止飞溅伤及自己及旁人；并注意防止焊件烧伤电缆线

3．焊后焊钳小心轻放，不能用手直接触摸焊件，防止烫伤

4．焊后必须把焊件表面熔渣和飞溅物清理干净。每天工作完毕清理现场

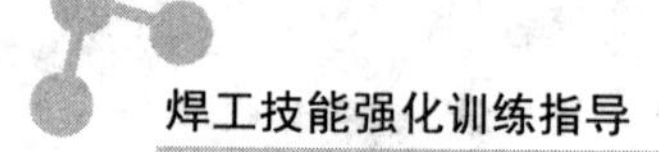

评 分 表

班级　　　　　　　　　　　　　　　　姓名　　　　　　　　　　　年　　月　　日

考件名称	焊条电弧焊V形坡口板对接立焊	考核时间	45 min	总分	
项目	考核技术要求	配分	评分标准		得分
焊缝外观质量	正面焊缝余高（h）$0 \leqslant h \leqslant 3$ mm	6	每超差1 mm扣2分		
	背面焊缝余高（h'）$0 \leqslant h' \leqslant 2$ mm	6	每超差1 mm扣2分		
	正面焊缝余高差（h_1）$0 \leqslant h_1 \leqslant 2$ mm	5	每超差1 mm扣1分		
	正面焊缝比坡口每侧增宽1～2 mm	5	每超差1 mm扣1分		
	焊缝宽度差（c_1）$0 \leqslant c_1 \leqslant 2$ mm	5	每超差1 mm扣1分		
	焊缝边缘直线度误差≤2 mm	8	每超差1 mm扣1分		
	焊后角变形（θ）$\theta \leqslant 3°$	8	每超差1°扣2分		
	咬边缺陷深度$F \leqslant 0.5$ mm，累计长度<30 mm	8	每超差1 mm扣2分，扣完为止		
	无未焊透	6	每出现一处缺陷扣2分		
	无未熔合	5	出现缺陷不得分		
	错边量≤0.5 mm	3	不符合质量要求不得分		
	无焊瘤	6	每出现一处焊瘤扣2分		
	无气孔	6	每出现一处气孔扣2分		
	接头无脱节	3	每出现一处脱节扣1分		
	焊缝表面波纹细腻、均匀，成形美观	10	根据成形酌情扣分		
安全文明生产	按照国家安全生产法规有关规定考核	5	1．劳保用品穿戴不全，扣2分 2．焊接过程中有违反安全操作规程的现象，根据情况扣2～5分 3．焊完后场地清理不干净，工具码放不整齐，扣3分		
时限	焊件必须在考核时间内完成	5	超时<5 min扣2分 超时5～10 min扣5分 超时>10 min不及格		
个人小结					

课题六　焊条电弧焊平板横敷焊

母材	牌号	Q235A	焊条	牌号	E4303
	规格	300×100×8		规格	ϕ3.2

焊接位置示意图

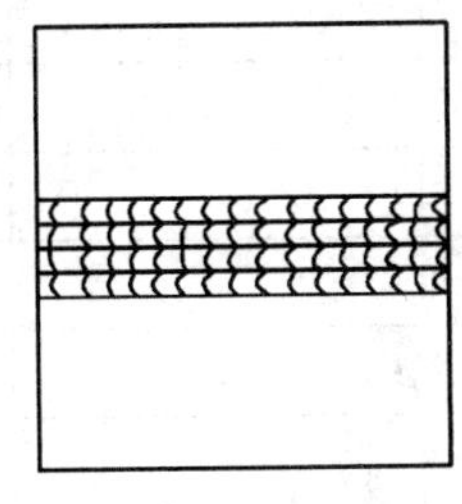

焊接方向

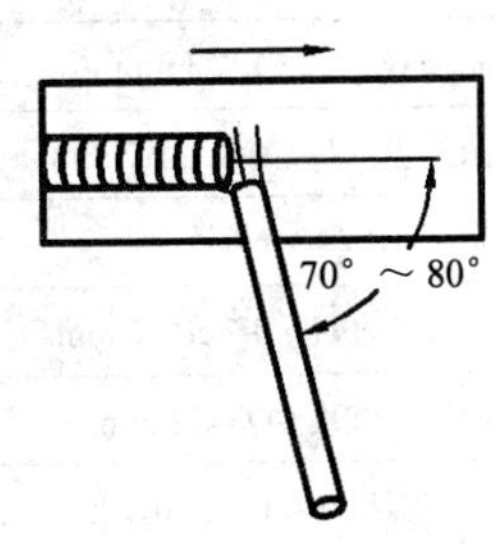

焊前准备

1. 横敷焊是在横焊位置上堆敷焊道的一种操作方法。如上图所示

2. 试件清理：将试件待焊处长 300 mm、宽 30 mm 范围内的表面油、污物、铁锈等清理干净，使其露出金属光泽

3. 焊接电源：交流弧焊电源或直流弧焊电源均可

焊层道号	焊接方法	焊条		电流范围/A	电压范围/V	焊接速度/(mm/min)	焊接走向	接头数量
		规格	数量					
1-1	SMAW	ϕ3.2	2	120～140	23～26	130～180	从左向右	1
1-2	SMAW	ϕ3.2	2	120～140	23～26	130～180	从左向右	1

操作要领

1. 焊接特点：横敷焊时，熔池金属有下淌倾向，易使焊缝上边出现咬边，下边出现焊瘤和未熔合等缺陷。因此要掌握正确的操作方法，合理选择工艺参数

2. 焊道的起头：在引弧后先将电弧稍微拉长 5～6 mm，在焊件端头停留 1～2 s，使电弧对端头有预热作用，然后缩短电弧 2～3 mm 进行正常焊接；运条方法采用直线形，短弧焊接；焊条与前方夹角为 70°～80°，并与下方夹角 85°左右，使电弧吹力托住熔化金属

3. 接头方法：采用冷接法接头。先将弧坑处的熔渣清理干净，然后在焊道弧坑前 10 mm 引弧，拉长电弧移到弧坑 2/3 处横向摆动一下，填满弧坑后即向前正常焊接

4. 收尾方法：采用反复断弧收尾法。注意要填满弧坑

安全要求

1. 焊前注意穿戴个人劳保用品；检查设备各接线处是否有松动现象，焊钳及电缆线是否有破损；防止漏电和接触不良现象

2. 焊接过程中注意个人保护及提醒周围同学注意防范，以免电弧光灼伤眼睛

3. 清渣注意遮挡，防止飞溅伤及自己及旁人；并注意防止焊件烧伤电缆线

4. 焊后焊钳小心轻放，不能用手直接触摸焊件，防止烫伤

5. 焊完的每根焊条头要放在工位指定的盒内，不允许随便乱扔，防止烫伤脚

6. 焊后必须把焊件表面熔渣和飞溅物清理干净。每天工作完毕清理现场

评 分 表

班级　　　　　　　　　　　　　　　　　　姓名　　　　　　　　　　　　年　　月　　日

考件名称	焊条电弧焊平板横敷焊	考核时间	15 min	总分	
项目	考核技术要求	配分	评分标准		得分
焊缝外观质量	焊缝余高（h）$0 \leqslant h \leqslant 3$ mm	8	每超差 1 mm 扣 2 分		
	焊缝余高差（h_1）$0 \leqslant h_1 \leqslant 2$ mm	5	每超差 1 mm 扣 1 分		
	焊缝宽度 10～12 mm	5	每超差 1 mm 扣 1 分		
	焊缝宽度差（c_1）$0 \leqslant c_1 \leqslant 2$ mm	5	每超差 1 mm 扣 1 分		
	焊缝边缘直线度误差≤2 mm	8	每超差 1 mm 扣 1 分		
	咬边缺陷深度 $F \leqslant 0.5$ mm，累计长度 <30 mm	8	每超差 1 mm 扣 2 分，扣完为止		
	无夹渣	6	每出现一处缺陷扣 3 分		
	无未熔合	5	出现缺陷不得分		
	起头良好	6	出现缺陷不得分		
	无焊瘤	6	每出现一处焊瘤扣 2 分		
	收尾处弧坑填满	6	出现缺陷不得分		
	无气孔	6	每出现一处气孔扣 2 分		
	接头无脱节	6	每出现一处脱节扣 3 分		
	焊缝表面波纹细腻、均匀，成形美观	10	根据成形酌情扣分		
安全文明生产	按照国家安全生产法规有关规定考核	5	1. 劳保用品穿戴不全，扣 2 分 2. 焊接过程中有违反安全操作规程的现象，根据情况扣 2～5 分 3. 焊完后场地清理不干净，工具码放不整齐，扣 3 分		
时限	焊件必须在考核时间内完成	5	超时<2 min 扣 2 分 超时 3～5 min 扣 5 分 超时>10 min 不及格		
个人小结					

课题七　焊条电弧焊 V 形坡口板对接横焊

母材	牌号	Q235A	焊条	牌号	E4303
	规格	300×100×12		规格	ϕ3.2

焊接位置示意图

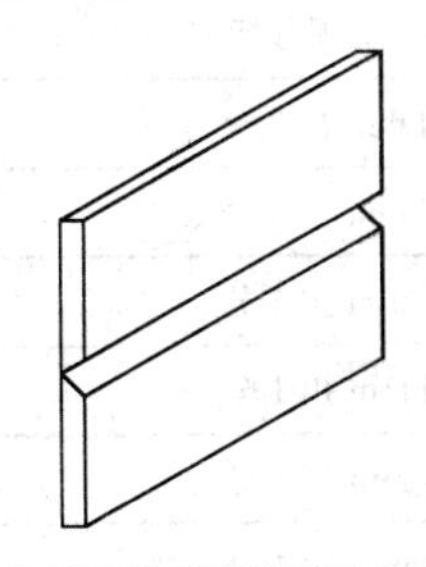

焊接顺序

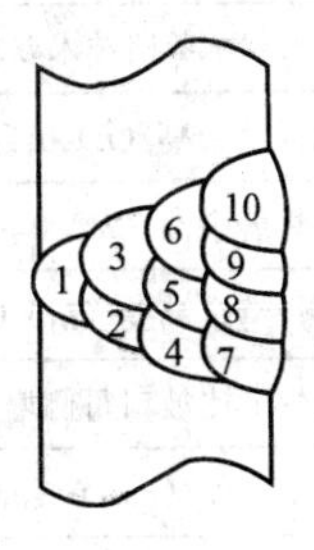

焊前准备

1. 坡口制备：采用氧-乙炔火焰加工坡口，坡口面角度为 30°。如上图所示
2. 试件清理：将母材距坡口 30 mm 范围内的内外表面油、污物、铁锈等清理干净，使其露出金属光泽
3. 试件装配：装配间隙为 3.5～4 mm，钝边为 0.5～1 mm，点固焊为两点，位于两端，长度为 10～15 mm，反变形 6°～8°，并做到两面平齐
4. 要求：单面焊双面成形

焊层道号	焊接方法	焊条		电流范围/A	电压范围/V	焊接速度/（mm/min）	焊接走向	接头数量
		规格	数量					
1-1	SMAW	ϕ3.2	5	100～110	18～20	50～100	从左向右	4
2-2	SMAW	ϕ3.2	2	130～140	20～21	120～180	从左向右	0
3-3	SMAW	ϕ3.2	3	130～140	20～21	120～180	从左向右	0
4-4	SMAW	ϕ3.2	4	120～130	20～22	120～180	从左向右	0

操作要领

1. 打底层：运条要掌握一看（看熔池大小和状态）、二听（听击穿的“噗噗”声）、三准（铁水要给到位，准确）、四短（灭弧与焊接电弧的时间要短）。注意焊缝两侧的停留和控制熔孔的大小。接头时先在熔池前方击穿一熔孔，然后回焊或快速点焊 2～3 点后再收弧。更换焊条要迅速，在弧坑前引弧后运条到弧坑处向试板背面压送，并停顿 2 s 左右后灭弧，随即恢复正常打底运条方法。焊条与前方夹角以 60°为宜
2. 填充层：电流稍大一些，采用直线形运条方法。第二道使熔池能压住第一道焊道的 1/2～2/3；第三层焊完后距离坡口边缘低 0.5～1 mm。接头时，迅速更换焊条，在弧坑前 10 mm 左右引弧后拉到弧坑 2/3 处填满弧坑，然后正常进行焊接
3. 盖面层：电流适当小些，焊条与前方夹角以 80°为宜，与下方夹角为 80°～90°，熔池呈椭圆形、清晰明亮，大小和形状始终保持一致

安全要求

1. 焊前注意穿戴个人劳保用品，检查设备各接线处是否有松动现象
2. 检查焊钳及电缆线是否有破损，防止漏电和接触不良现象
3. 焊接过程中注意个人保护及提醒周围同学注意防范
4. 清渣注意遮挡，防止飞溅伤及自己及旁人；并注意防止焊件烧伤电缆线
5. 焊后焊钳小心轻放，不能用手直接触摸焊件，防止烫伤
6. 焊后必须把焊件表面熔渣和飞溅物清理干净。每天工作完毕清理现场

评　分　表

班级　　　　　　　　　　　　姓名　　　　　　　　　　年　　月　　日

考件名称	焊条电弧焊 V 形坡口板对接横焊	考核时间	45 min	总分	
项目	考核技术要求	配分	评分标准		得分
焊缝外观质量	正面焊缝余高（h）$0 \leqslant h \leqslant 3$ mm	6	每超差 1 mm 扣 2 分		
	背面焊缝余高（h'）$0 \leqslant h' \leqslant 3$ mm	6	每超差 1 mm 扣 2 分		
	正面焊缝余高差（h_1）$0 \leqslant h_1 \leqslant 2$ mm	5	每超差 1 mm 扣 1 分		
	正面焊缝比坡口每侧增宽 1～2 mm	5	每超差 1 mm 扣 1 分		
	焊缝宽度差（c_1）$0 \leqslant c_1 \leqslant 3$ mm	5	每超差 1 mm 扣 1 分		
	焊缝边缘直线度误差≤2 mm	8	每超差 1 mm 扣 1 分		
	焊后角变形（θ）$\theta \leqslant 3°$	8	每超差 1° 扣 2 分		
	咬边缺陷深度 $F \leqslant 0.5$ mm，累计长度＜30 mm	8	每超差 1 mm 扣 2 分，扣完为止		
	无未焊透	6	每出现一处缺陷扣 2 分		
	无未熔合	5	出现缺陷不得分		
	错边量≤1 mm	3	不符合质量要求不得分		
	无焊瘤	6	每出现一处焊瘤扣 2 分		
	无气孔	6	每出现一处气孔扣 2 分		
	接头无脱节	3	每出现一处脱节扣 1 分		
	焊缝表面波纹细腻、均匀，成形美观	10	根据成形酌情扣分		
安全文明生产	按照国家安全生产法规有关规定考核	5	1．劳保用品穿戴不全，扣 2 分 2. 焊接过程中有违反安全操作规程的现象，根据情况扣 2～5 分 3．焊完后场地清理不干净，工具码放不整齐，扣 3 分		
时限	焊件必须在考核时间内完成	5	超时＜5 min 扣 2 分 超时 5～10 min 扣 5 分 超时＞10 min 不及格		
个人小结					

课题八 焊条电弧焊钢管水平固定敷焊

母材	牌号	20g	焊条	牌号	E4303
	规格	φ60×4		规格	φ2.5

焊接位置示意图	焊接方向

焊前准备	1．管全位置敷焊是焊接过程中需经过仰焊、立焊、平焊等几种位置的操作方法。如上图所示 2．试件清理：将试件待焊处宽度 30 mm 范围内的表面油、污物、铁锈等清理干净，使其露出金属光泽 3．焊接电源：交流弧焊电源或直流弧焊电源均可

焊层道号	焊接方法	焊条		电流范围/A	电压范围/V	焊接速度/（mm/min）	焊接走向	接头数量
		规格	数量					
1-1	SMAW	φ2.5	3	70～85	20～22	120～140	分两个半周	2

操作要领	1．焊接特点：由于焊缝是环形的，在焊接过程中需经过仰焊、立焊、平焊等几种位置，因此焊条角度要随着位置的变化而变化，操作时还应该注意每个环节的操作要领 2．焊道的起头：把管子分为前、后两个半周进行焊接。为了控制成形，应采用较大的电流灭弧焊。前半周在仰焊位置超过管子垂直中心线 5～10 mm 引弧后先将电弧稍微在起头处停留 1～2 s，使电弧对起头有预热作用，然后压低电弧形成熔池，随即将焊条抬起熄弧，当发现熔池冷却变小后，再引弧点焊在熔池 1/2 处，形成新的熔池后再熄弧。如此反复一直向前移动焊条，并随时改变焊条角度 3．焊条角度：焊条与焊缝两侧成 90°，沿焊接方向切线倾斜 75°～85° 4．运条：选用小锯齿形运条方法，稍拉长电弧晃动焊条控制焊道的宽度 6～8 mm；采用灭弧焊法进行施焊，熔池之间叠加 1/2 5．接头方法：采用热接法接头，焊条角度要随焊接位置不同而改变。更换焊条要快，当熔池还没有完全凝固时，在熔池前方 10 mm 处引弧，拉长电弧移到弧坑 2/3 处横向摆动一下，填满弧坑后即向前正常焊接 6．收尾方法：后半周焊超过前半周 10～15 mm 为宜
安全要求	1．仰焊飞溅较严重，焊前注意加强个人防护，穿戴好劳保用品；检查设备各接线处是否有松动现象，焊钳及电缆线是否有破损；防止漏电和接触不良现象 2．清渣注意遮挡，防止飞溅伤及自己及旁人；并注意防止焊件烧伤电缆线 3．焊后焊钳小心轻放，不能用手直接触摸焊件，防止烫伤 4．焊后必须把焊件表面熔渣和飞溅物清理干净。每天工作完毕清理现场

评 分 表

班级　　　　　　　　　　　　姓名　　　　　　　　　　年　　月　　日

考件名称	焊条电弧焊钢管水平固定敷焊	考核时间	15 min	总分	
项目	考核技术要求	配分	评分标准		得分
焊缝外观质量	焊缝余高（h）$0 \leqslant h \leqslant 3$	8	每超差 1 mm 扣 2 分		
	焊缝余高差（h_1）$0 \leqslant h_1 \leqslant 2$	5	每超差 1 mm 扣 1 分		
	焊缝宽度 8～10 mm	5	每超差 1 mm 扣 1 分		
	焊缝宽度差（c_1）$0 \leqslant c_1 \leqslant 2$	5	每超差 1 mm 扣 1 分		
	焊缝边缘直线度误差≤2	8	每超差 1 mm 扣 1 分		
	咬边缺陷深度 $F \leqslant 0.5$ mm，累计长度 <30 mm	8	每超差 1 mm 扣 2 分，扣完为止		
	无夹渣	6	每出现一处缺陷扣 3 分		
	无未熔合	5	出现缺陷不得分		
	起头良好	6	不符合标准要求不得分		
	无焊瘤	6	每出现一处焊瘤扣 2 分		
	收尾处弧坑填满	6	弧坑深超过 1 mm 不得分		
	无气孔	6	每出现一处气孔扣 2 分		
	接头无脱节	6	每出现一处脱节扣 3 分		
	焊缝表面波纹细腻、均匀，成形美观	10	根据成形酌情扣分		
安全文明生产	按照国家安全生产法规有关规定考核	5	1．劳保用品穿戴不全，扣 2 分 2．焊接过程中有违反安全操作规程的现象，根据情况扣 2～5 分 3．焊完后场地清理不干净，工具码放不整齐，扣 3 分		
时限	焊件必须在考核时间内完成	5	超时<2 min 扣 2 分 超时 3～5 min 扣 5 分 超时>10 min 不及格		
个人小结					

课题九　焊条电弧焊钢管对接水平固定焊

母材	牌号	20g	焊条	牌号	E4303
	规格	ϕ60×4		规格	ϕ2.5

焊接位置示意图

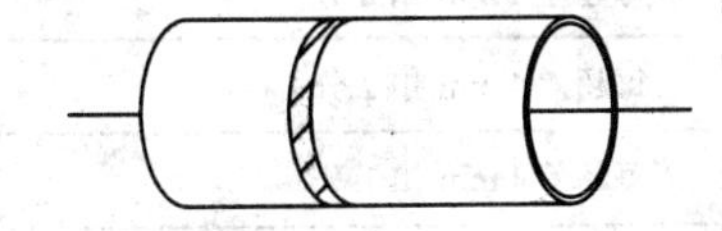

焊接顺序

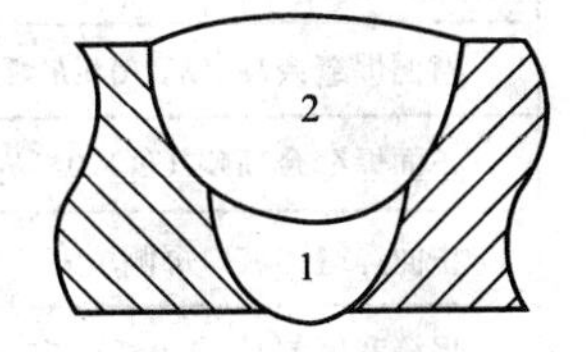

焊前准备

1．坡口制备：采用氧-乙炔火焰加工坡口，坡口面角度为 30°。如上图所示

2．试件清理：将母材距坡口 30 mm 范围内的内外表面油、污物、铁锈等清理干净，使其露出金属光泽

3．试件装配：装配间隙为 3.2～4 mm，钝边为 0.5～1 mm，点固焊为 1～2 处，长度为 10～15 mm，装配好的管子必须保证同轴度

4．要求：单面焊双面成形

焊层道号	焊接方法	焊条		电流范围/A	电压范围/V	焊接速度/(mm/min)	焊接走向	接头数量
		规格	数量					
1-1	SMAW	ϕ2.5	4	75～85	20～22	60～80	圆周	3
2-1	SMAW	ϕ2.5	4	70～80	20～22	60～80	圆周	3

操作要领

1．打底层：运条要掌握一看（看熔池大小和状态）、二听（听击穿的“噗噗”声）、三准（铁水要给到位，准确）、四短（灭弧与焊接电弧的时间要短）。注意观察熔池形状和控制熔孔的大小，熔孔大小应均匀。接头时先在熔池前方击穿一熔孔，然后回焊或快速点焊 2～3 点后再收弧。迅速更换焊条，在弧坑前引弧后运条到弧坑处向管子内压送，听到击穿的声音并停顿 2 s 左右后灭弧，随即恢复正常打底运条方法

2．焊条角度：沿圆周方向不停转动，一般与圆周切线成 70° 夹角为宜。在焊接仰焊位置时，焊条应向上顶送得深些，电弧尽量压短，防止产生内凹、未熔合

3．盖面层：采用灭弧焊法，先从仰焊部位超过管子中心线 5～10 mm 处开始焊接，焊接时根据焊接角度的变化，随时转动手臂和手腕，使后一个熔池总重叠在前一个熔池的 1/2 处，保持短弧焊接，从而获得均匀、美观的焊缝

4．收尾采用反复熄弧法，把弧坑填满

安全要求

1．焊前注意穿戴个人劳保用品；检查设备各接线处是否有松动现象，焊钳及电缆线是否有破损；防止漏电和接触不良现象

2．焊接过程中注意个人保护及提醒周围同学注意防范

3．清渣注意遮挡，防止飞溅伤及自己及旁人；并注意防止焊件烧伤电缆线

4．焊后焊钳小心轻放，不能用手直接触摸焊件，防止烫伤

5．焊后必须把焊件表面熔渣和飞溅物清理干净。每天工作完毕清理现场

评　分　表

班级　　　　　　　　　　　　　　姓名　　　　　　　　　　年　　月　　日

考件名称	焊条电弧焊钢管对接水平固定焊	考核时间	30 min	总分	
项目	考核技术要求	配分	评分标准		得分
焊缝外观质量	正面焊缝余高（h）$0 \leqslant h \leqslant 3$ mm	6	每超差 1 mm 扣 2 分		
	背面焊缝余高（h'）$0 \leqslant h' \leqslant 2$ mm	6	每超差 1 mm 扣 2 分		
	正面焊缝余高差（h_1）$0 \leqslant h_1 \leqslant 2$ mm	5	每超差 1 mm 扣 1 分		
	正面焊缝比坡口每侧增宽 1～2 mm	8	每超差 1 mm 扣 1 分		
	焊缝宽度差（c_1）$0 \leqslant c_1 \leqslant 2$ mm	8	每超差 1 mm 扣 1 分		
	焊缝边缘直线度误差≤3 mm	8	每超差 1 mm 扣 1 分		
	咬边缺陷深度 $F \leqslant 0.5$ mm，累计长度＜30 mm	8	每超差 1 mm 扣 2 分，扣完为止		
	无未焊透	6	每出现一处缺陷扣 2 分		
	无未熔合	5	出现缺陷不得分		
	错边量≤0.5 mm	3	不符合质量要求不得分		
	无焊瘤	6	每出现一处焊瘤扣 2 分		
	无气孔	6	每出现一处气孔扣 2 分		
	接头无脱节	5	每出现一处脱节扣 1 分		
	焊缝表面波纹细腻、均匀，成形美观	10	根据成形酌情扣分		
安全文明生产	按照国家安全生产法规有关规定考核	5	1．劳保用品穿戴不全，扣 2 分 2．焊接过程中有违反安全操作规程的现象，根据情况扣 2～5 分 3．焊完后场地清理不干净，工具码放不整齐，扣 3 分		
时限	焊件必须在考核时间内完成	5	超时＜5 min 扣 2 分 超时 5～10 min 扣 5 分 超时＞10 min 不及格		
个人小结					

课题十　焊条电弧焊钢管垂直位置敷焊

母材	牌号	20g	焊条	牌号	E4303
	规格	$\phi60\times4$		规格	$\phi2.5$

焊接位置示意图

焊接方向

焊前准备	1．钢管垂直位置固定敷焊是横焊过程中需要不断改变焊条角度来保证焊接角度的一种操作方法。如上图所示 2．试件清理：将试件待焊处宽度 30 mm 范围内的表面油、污物、铁锈等清理干净，使其露出金属光泽 3．焊接电源：交流弧焊电源或直流弧焊电源均可

焊层道号	焊接方法	焊条		电流范围/A	电压范围/V	焊接走向	接头数量
		规格	数量				
1-1	SMAW	$\phi2.5$	4	70～80	20～22	圆周	3

操作要领	1．操作姿势：采用蹲姿或立姿，焊件高度与操作者的眼睛相平行 2．起头：将焊条对准焊件待焊处引燃电弧，然后拉长电弧对起焊处进行预热，同时还可通过面罩看清起引位置，待 1～2 s 后立即压低电弧作圆圈运动，待增加焊缝的宽度后再向前行走 3．焊条角度：以焊条与焊缝成 90°为基准，向下倾斜 5°～10°，沿焊接方向倾斜 5°～10° 4．运条：运条方法选用直线形、直线往返形或斜圆圈形均可 5．接头：在先焊的焊道弧坑前面约 10 mm 处引弧，将拉长的电弧缓缓地移到原弧坑处，当新形成的熔池外缘与原弧坑外缘相吻合时，压低电弧，焊条再作微微转动，待填满弧坑后，焊条立即向前移动进行正常焊接 6．收尾：采用多次反复断弧焊法进行收弧 7．用同样方法焊第二和第三道，道与道之间叠加为 2/3 8．操作时要注意操作姿势的正确性；运条方法要正确，焊道与焊道之间结合要良好；焊缝尺寸符合要求，焊道成形应整齐美观；焊缝边缘和母材间要圆滑过渡
安全要求	1．焊前注意穿戴个人劳保用品；检查设备各接线处是否有松动现象，焊钳及电缆线是否有破损；防止漏电和接触不良现象 2．焊接过程中注意个人保护及提醒周围同学注意防范 3．清渣注意遮挡，防止飞溅伤及自己及旁人；并注意防止焊件烧伤电缆线 4．焊后焊钳小心轻放，不能用手直接触摸焊件，防止烫伤 5．焊后必须把焊件表面熔渣和飞溅物清理干净。每天工作完毕清理现场

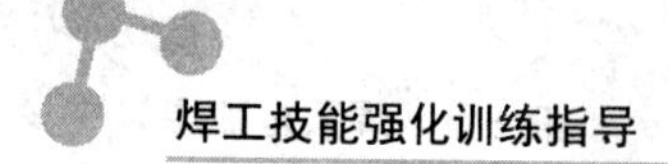

评　分　表

班级　　　　　　　　　　　　姓名　　　　　　　　　　年　　月　　日

<table>
<tr><td>考件名称</td><td>焊条电弧焊钢管垂直位置敷焊</td><td>考核时间</td><td>15 min</td><td>总分</td><td></td></tr>
<tr><td>项目</td><td>考核技术要求</td><td>配分</td><td colspan="2">评分标准</td><td>得分</td></tr>
<tr><td rowspan="12">焊缝外观质量</td><td>焊缝余高（h）$0 \leqslant h \leqslant 3$ mm</td><td>8</td><td colspan="2">每超差 1 mm 扣 2 分</td><td></td></tr>
<tr><td>焊缝余高差（h_1）$0 \leqslant h_1 \leqslant 2$ mm</td><td>6</td><td colspan="2">每超差 1 mm 扣 1 分</td><td></td></tr>
<tr><td>焊缝宽度 8～10 mm</td><td>5</td><td colspan="2">每超差 1 mm 扣 1 分</td><td></td></tr>
<tr><td>焊缝宽度差（c_1）$0 \leqslant c_1 \leqslant 2$ mm</td><td>5</td><td colspan="2">每超差 1 mm 扣 1 分</td><td></td></tr>
<tr><td>焊缝边缘直线度误差 $\leqslant 2$ mm</td><td>10</td><td colspan="2">每超差 1 mm 扣 3 分</td><td></td></tr>
<tr><td>咬边缺陷深度 $F \leqslant 0.5$ mm，累计长度 <30 mm</td><td>10</td><td colspan="2">每超差 1 mm 扣 2 分，扣完为止</td><td></td></tr>
<tr><td>无夹渣</td><td>10</td><td colspan="2">每出现一处缺陷扣 5 分</td><td></td></tr>
<tr><td>无未熔合</td><td>8</td><td colspan="2">出现缺陷不得分</td><td></td></tr>
<tr><td>无焊瘤</td><td>6</td><td colspan="2">每出现一处焊瘤扣 2 分</td><td></td></tr>
<tr><td>无气孔</td><td>6</td><td colspan="2">每出现一处气孔扣 2 分</td><td></td></tr>
<tr><td>接头无脱节</td><td>6</td><td colspan="2">每出现一处脱节扣 2 分</td><td></td></tr>
<tr><td>焊缝表面波纹细腻、均匀，成形美观</td><td>10</td><td colspan="2">根据成形酌情扣分</td><td></td></tr>
<tr><td>安全文明生产</td><td>按照国家安全生产法规有关规定考核</td><td>5</td><td colspan="2">1．劳保用品穿戴不全，扣 2 分
2．焊接过程中有违反安全操作规程的现象，根据情况扣 2～5 分
3．焊完后场地清理不干净，工具码放不整齐，扣 3 分</td><td></td></tr>
<tr><td>时限</td><td>焊件必须在考核时间内完成</td><td>5</td><td colspan="2">超时 <5 min 扣 2 分
超时 5～10 min 扣 5 分
超时 >10 min 不及格</td><td></td></tr>
<tr><td>个人小结</td><td colspan="5"></td></tr>
</table>

课题十一　焊条电弧焊钢管对接垂直固定焊

母材	牌号	20g	焊条	牌号	E4303
	规格	ϕ60×4		规格	ϕ2.5

焊接位置示意图	焊接顺序

焊前准备	
	1．坡口制备：采用氧-乙炔火焰加工坡口，坡口面角度为30°。如上图所示
	2．试件清理：将母材距坡口30 mm范围内的内外表面油、污物、铁锈等清理干净，使其露出金属光泽
	3．试件装配：装配间隙为2.5～3.2 mm，钝边为0.5～1 mm，点固焊为1～2处，长度为10～15 mm，装配好的管子必须保证同轴度
	4．要求：单面焊双面成形

焊层道号	焊接方法	焊条		电流范围/A	电压范围/V	焊接速度/（mm/min）	焊接走向	接头数量
		规格	数量					
1-1	SMAW	ϕ2.5	4	60～80	20～22	60～80	圆周	3
2-2	SMAW	ϕ2.5	3	70～80	20～22	120～160	圆周	2

操作要领	
	1．打底层：运条要掌握一看（看熔池大小和状态）、二听（听击穿的“噗噗”声）、三准（铁水要给到位，准确）、四短（灭弧与焊接电弧的时间要短）。注意观察熔池形状和控制熔孔的大小，熔孔大小应均匀。接头时先在熔池前方击穿一熔孔，然后回焊或快速点焊2～3点后再收弧。迅速换焊条，在弧坑前引弧后运条到弧坑处向管子内压送，听到击穿的声音并停顿2 s左右后灭弧，随即恢复正常打底运条方法。焊条与前方夹角以60°为宜
	2．盖面层：分为下、上两道进行焊接，焊接时由下至上进行施焊，焊条角度与前方夹角80°为宜，第一道与下方夹角为85°，第二道与下方夹角为80°。采用直线形运条，短弧焊接，第二道焊接时应使熔池盖住第一道的1/2～2/3。为防止咬边和铁水下淌现象，要适当增大焊接速度或减小焊接电流，调整焊条角度，以保证整个焊缝外表均匀、整齐、美观

安全要求	
	1．焊前注意穿戴个人劳保用品；检查设备各接线处是否有松动现象，焊钳及电缆线是否有破损；防止漏电和接触不良现象
	2．焊接过程中注意个人保护及提醒周围同学注意防范
	3．清渣注意遮挡，防止飞溅伤及自己及旁人；并注意防止焊件烧伤电缆线
	4．焊后焊钳小心轻放，不能用手直接触摸焊件，防止烫伤
	5．焊完的每根焊条头要放在工位指定的盒内，不允许随便乱扔，防止烫伤脚
	6．焊后必须把焊件表面熔渣和飞溅物清理干净。每天工作完毕清理现场

评 分 表

班级　　　　　　　　　　　　　　　　　　　姓名　　　　　　　　　　　　　年　　月　　日

考件名称	焊条电弧焊钢管对接垂直固定焊	考核时间	30 min	总分	
项目	考核技术要求	配分	评分标准		得分
焊缝外观质量	正面焊缝余高（h）$0 \leqslant h \leqslant 3$ mm	8	每超差 1 mm 扣 2 分		
	背面焊缝余高（h'）$0 \leqslant h' \leqslant 3$ mm	8	每超差 1 mm 扣 2 分		
	正面焊缝余高差（h_1）$0 \leqslant h_1 \leqslant 2$ mm	8	每超差 1 mm 扣 1 分		
	正面焊缝比坡口每侧增宽 1～2 mm	8	每超差 1 mm 扣 1 分		
	焊缝宽度差（c_1）$0 \leqslant c_1 \leqslant 3$ mm	8	每超差 1 mm 扣 1 分		
	咬边缺陷深度 $F \leqslant 0.5$mm，累计长度 <26 mm	8	每超差 1 mm 扣 2 分，扣完为止		
	无未焊透	6	每出现一处缺陷扣 2 分		
	无未熔合	6	出现缺陷不得分		
	错边量 $\leqslant 0.5$ mm	3	不符合质量要求不得分		
	无焊瘤	6	每出现一处焊瘤扣 2 分		
	无气孔	6	每出现一处气孔扣 2 分		
	接头无脱节	5	每出现一处脱节扣 1 分		
	焊缝表面波纹细腻、均匀，成形美观	10	根据成形酌情扣分		
安全文明生产	按照国家安全生产法规有关规定考核	5	1. 劳保用品穿戴不全，扣 2 分 2. 焊接过程中有违反安全操作规程的现象，根据情况扣 2～5 分 3. 焊完后场地清理不干净，工具码放不整齐，扣 3 分		
时限	焊件必须在考核时间内完成	5	超时 <5 min 扣 2 分 超时 5～10 min 扣 5 分 超时 >10 min 不及格		
个人小结					

课题十二　焊条电弧焊I形坡口板对接仰焊

母材	牌号	Q235A	焊条	牌号	E4303
	规格	300×100×8		规格	ϕ3.2

焊接位置示意图	焊接方向
	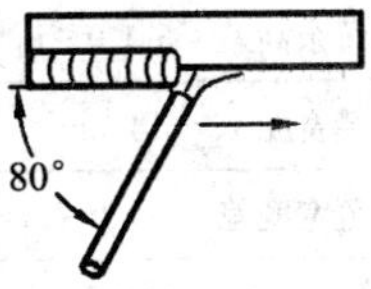 80°

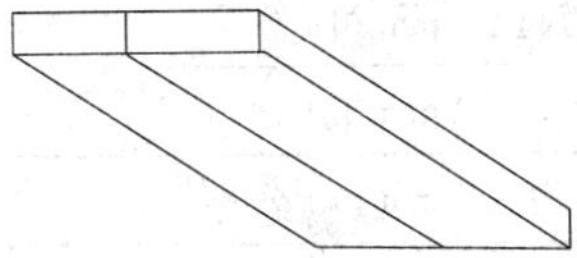

焊前准备	1．仰敷焊是焊条位于焊件下方，操作者仰视焊件进行焊接的一种操作方法。如上图所示 2．试件清理：将试件待焊处长 300 mm、宽 30 mm 范围内的表面油、污物、铁锈等清理干净，使其露出金属光泽 3．试件装配：装配间隙 0.5～1.0 mm，采用两点固定 4．焊接电源：交流弧焊电源或直流弧焊电源均可

焊层道号	焊接方法	焊条		电流范围/A	电压范围/V	焊接速度/（mm/min）	焊接走向	接头数量
		规格	数量					
1-1	SMAW	ϕ3.2	4	90～100	22～24	120～140	从后向前	3

操作要领	1．焊接特点：仰焊由于熔池倒悬在焊件下面，没有固体金属的承托，使焊缝难以成形，因此操作时要充分利用电弧吹力和电磁作用力，保持最短的电弧长度，使熔滴在很短的时间内过渡到熔池中去 2. 焊道的起头：在引弧后先将电弧稍微在焊件端头停留 1～2 s，使电弧对端头有预热作用，然后保持电弧长度 1～2 mm 进行正常焊接；运条方法采用锯齿形，焊条与后方夹角 80° 为宜，与两边钢板夹角为 90° 3．接头方法：采用热接法接头。更换焊条要快，当熔池还没有完全凝固时，在熔池前方 10 mm 处引弧，拉长电弧移到弧坑 2/3 处横向摆动一下，填满弧坑后即向前正常焊接 4．收尾方法：采用反复断弧收尾法。注意要填满弧坑 5．焊接过程中保持焊条角度和运条的均匀性
安全要求	1．仰焊飞溅较严重，焊前注意加强个人防护，穿戴好劳保用品；检查设备各接线处是否有松动现象，焊钳及电缆线是否有破损；防止漏电和接触不良现象 2．焊接过程中注意个人保护及提醒周围同学注意防范，以免电弧光灼伤眼睛 3．清渣注意遮挡，防止飞溅伤及自己及旁人；并注意防止焊件烧伤电缆线 4．焊后焊钳小心轻放，不能用手直接触摸焊件，防止烫伤 5．焊完的每根焊条头要放在工位指定的盒内，不允许随便乱扔，防止烫伤脚 6．焊后必须把焊件表面熔渣和飞溅物清理干净。每天工作完毕清理现场

评 分 表

班级　　　　　　　　　　　　姓名　　　　　　　　　　　年　　月　　日

考件名称	焊条电弧焊I形坡口板对接仰焊	考核时间	15 min	总分	
项目	考核技术要求	配分	评分标准		得分
焊缝外观质量	焊缝余高（h）$0 \leqslant h \leqslant 4$ mm	8	每超差1 mm扣2分		
	焊缝余高差（h_1）$0 \leqslant h_1 \leqslant 3$ mm	5	每超差1 mm扣1分		
	焊缝宽度12～14 mm	5	每超差1 mm扣1分		
	焊缝宽度差（c_1）$0 \leqslant c_1 \leqslant 2$ mm	5	每超差1 mm扣1分		
	焊缝边缘直线度误差≤2 mm	8	每超差1 mm扣1分		
	咬边缺陷深度$F \leqslant 0.5$ mm，累计长度<30 mm	8	每超差1 mm扣2分，扣完为止		
	无夹渣	6	每出现一处缺陷扣3分		
	无未熔合	5	出现缺陷不得分		
	起头良好	6	每超差1 mm扣1分		
	无焊瘤	6	每出现一处焊瘤扣2分		
	收尾处弧坑填满	6	弧坑深度超过1 mm扣6分		
	无气孔	6	每出现一处气孔扣2分		
	接头无脱节	6	每出现一处脱节扣3分		
	焊缝表面波纹细腻、均匀，成形美观	10	根据成形酌情扣分		
安全文明生产	按照国家安全生产法规有关规定考核	5	1．劳保用品穿戴不全，扣2分 2．焊接过程中有违反安全操作规程的现象，根据情况扣2～5分 3．焊完后场地清理不干净，工具码放不整齐，扣3分		
时限	焊件必须在考核时间内完成	5	超时<2 min扣2分 超时3～5 min扣5分 超时>10 min不及格		
个人小结					

课题十三　焊条电弧焊骑座式管板垂直固定俯位焊

母材			焊条		
母材	牌号	20g/Q235	焊条	牌号	E4303
	规格	ϕ60×4/100×100×8		规格	ϕ2.5/ϕ3.2

焊接位置示意图	焊接顺序
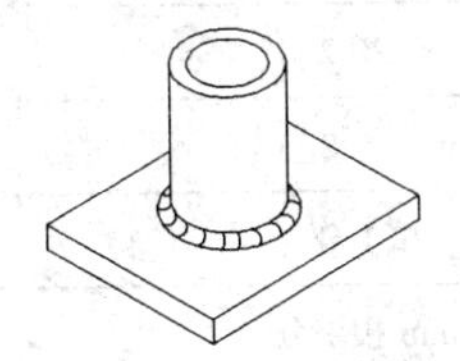	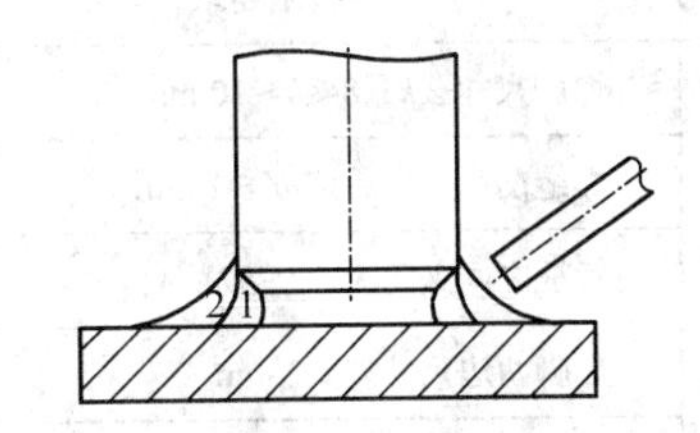

焊前准备

1．试件清理：将ϕ60 管外表面 15～25 mm 范围、内表面 10～15 mm 范围及坡口面、板上下表面ϕ85～ϕ90 mm 范围的油、污物、铁锈等清理干净，使其露出金属光泽

2．试件装配：装配间隙 3.0～3.5 mm，钝边 p=0.5～1 mm，焊件错边量≤0.5 mm。装配时要保证同心度，管板相互垂直。采用两点固定焊法进行定位焊，定位焊缝长度≤10 mm。焊接方法与正式焊接一样

4．要求：单面焊双面成形

焊层道号	焊接方法	焊条		电流范围/A	电压范围/V	焊接走向	接头数量
		规格	数量				
1-1	SMAW	ϕ2.5	3	80～95	20～22	逆时针	2
2-1	SMAW	ϕ3.2	2	110～135	22～24	逆时针	1

操作要领

1．打底焊：采用灭弧焊法。在与定位焊相对称位置处引弧，引弧后控制弧长 2～3 mm，对坡口根部两侧预热，当获得一定大小的明亮清晰的熔池后，向管子一侧移动待与孔板熔池相连后，压低电弧使管子坡口击穿并形成熔孔，注意熔孔大小，应使电弧热量偏向孔板，当焊条摆到板的一侧时应稍作停留，防止板件一侧产生未熔合的现象。反向挑灭电弧后，立即重新引燃电弧，如此反复向前施焊

2．焊接角度：焊条与孔板成 25°～30°，焊条与熔池切线方向成 50°～60°，焊接过程始终保持焊接角度

3．焊道的接头：在每根焊条即将焊完前，向焊接相反方向回焊 5～10 mm，并逐渐拉长电弧至熄灭。在接头前 10 mm 处引弧，稍作摆动移至前熔孔，压低电弧，当根部击穿并形成原大小熔孔后转入正常焊接。焊接封闭接头前，先将焊缝端部打磨成缓坡形，然后再焊，焊到缓坡前沿时，电弧向坡口根部压送，并稍作停留，然后焊过缓坡，直至超过正式焊缝 5～10 mm，填满弧坑后熄弧

4．盖面焊：盖面焊应采用斜锯齿形连弧焊法焊接。焊条与孔板成 50°～60°，焊条与熔池切线方向成 50°～60°

5．焊缝接头：在每根焊条即将焊完前，向焊接相反方向回焊 10～15 mm，并逐渐拉长电弧至熄灭。在接头前 10 mm 处引弧拉长电弧预热，沿原熔池边沿画圈，迅速使铁水充满熔孔，然后按原焊法正常往前走。封闭接头和打底焊相同

安全要求

1．焊前注意穿戴个人劳保用品；检查设备各接线处是否有松动现象，焊钳及电缆线是否有破损；防止漏电和接触不良现象；焊接过程中注意个人保护及提醒周围同学注意防范

2．清渣注意遮挡，防止飞溅伤及自己及旁人；并注意防止焊件烧伤电缆线

3．焊后必须把焊件表面熔渣和飞溅物清理干净。每天工作完毕清理现场

评　分　表

班级　　　　　　　　　　　　　　　　姓名　　　　　　　　　　年　　月　　日

考件名称	焊条电弧焊骑座式管板垂直固定俯位焊	考核时间	30 min	总分	
项目	考核技术要求	配分	评分标准		得分
焊缝外观质量	焊脚尺寸（k）$8\leqslant k\leqslant 10$ mm	8	每超差 1 mm 扣 2 分		
	焊缝凸度（h'）$0\leqslant h'\leqslant 1$ mm	8	每超差 1 mm 扣 2 分		
	管板之间夹角 88°～92°	6	每超差 1° 扣 1 分		
	焊脚两边尺寸差≤2 mm	8	每超差 1 mm 扣 1 分		
	焊缝边缘直线度误差≤3 mm	6	每超差 1 mm 扣 1 分		
	咬边缺陷深度 $F\leqslant 0.5$ mm，累计长度＜30 mm	8	每超差 1 mm 扣 2 分，扣完为止		
	无未焊透	8	每出现一处缺陷扣 2 分		
	收尾弧坑填满	8	未填满不得分		
	无未熔合	6	出现缺陷不得分		
	无焊瘤	6	每出现一处焊瘤扣 2 分		
	无气孔	6	每出现一处气孔扣 2 分		
	接头无脱节	6	每出现一处脱节扣 1 分		
	焊缝表面波纹细腻、均匀，成形美观	6	根据成形酌情扣分		
安全文明生产	按照国家安全生产法规有关规定考核	5	1. 劳保用品穿戴不全，扣 2 分 2. 焊接过程中有违反安全操作规程的现象，根据情况扣 2～5 分 3. 焊完后场地清理不干净，工具码放不整齐，扣 3 分		
时限	焊件必须在考核时间内完成	5	超时＜5 min 扣 2 分 超时 5～10 min 扣 5 分 超时＞10 min 不及格		
个人小结					

课题十四　焊条电弧焊骑座式管板水平固定全位置焊

<table>
<tr><td rowspan="2">母材</td><td>牌号</td><td>20g/Q235</td><td rowspan="2">焊条</td><td>牌号</td><td>E4303</td></tr>
<tr><td>规格</td><td>ϕ60×4/100×100×8</td><td>规格</td><td>ϕ2.5/ϕ3.2</td></tr>
<tr><td colspan="3">焊接位置示意图
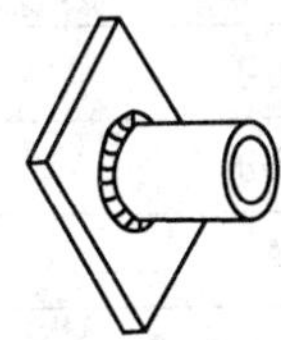</td><td colspan="3">焊接顺序
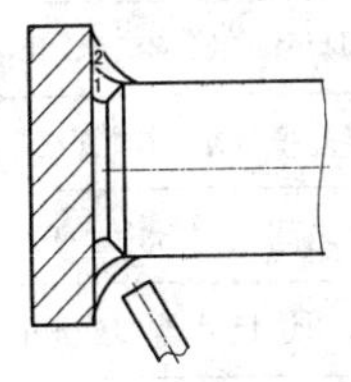</td></tr>
<tr><td>焊前准备</td><td colspan="5">1. 试件清理：将ϕ60 管外表面 15～25 mm 范围、内表面 10～15 mm 范围及坡口面、板上下表面ϕ85～ϕ90 mm 范围的油、污物、铁锈等清理干净，使其露出金属光泽
2. 试件装配：装配间隙 3.0～3.5 mm，钝边 p=0.5～1 mm，焊件错边量≤0.5 mm。装配时要保证同心度，管板相互垂直。采用两点固定焊法进行定位焊，定位焊缝长度≤10 mm
3. 要求：单面焊双面成形</td></tr>
</table>

焊层道号	焊接方法	焊条		电流范围/A	电压范围/V	焊接走向	接头数量
		规格	数量				
1-1	SMAW	ϕ2.5	3	70～85	22～24	分两半周	2
2-1	SMAW	ϕ3.2	2	100～110	22～24	分两半周	1

<table>
<tr><td>操作要领</td><td>1. 打底焊：焊条与工件的角度垂直向为 35°～45°、运条向为 100°～105°。先焊前半周，后焊后半周。在 6 点位置前 5～10 mm 处引燃电弧起焊。采用划擦法将电弧在坡口内引燃，待看到坡口两侧金属局部熔化时，焊条向坡口根部压送，熔化并击穿坡口根部，将熔滴送至坡口背面，此时可听见背面电弧的穿透声，这时便形成了第一个熔池，注意熔孔大小，应使电弧热量偏向孔板，当焊条摆到板的一侧时应稍作停留，防止板件一侧产生未熔合的现象。在仰焊位置焊接时，焊条应向试件里面顶送深些，横向摆动幅度小些，向上运条的间距要均匀不宜过大，防止产生咬边和内凹。立焊及平焊位置焊条顶送的深度相对浅些。反向挑灭电弧后，立即重新引燃电弧，如此反复向前施焊。接头可采用冷接法或热接法，冷接法可先将收弧处焊道打磨成缓坡状再焊接。后半周应从 7 点处引弧，注意接头，焊接方法与前半周相同。焊接封闭接头前，先将焊缝端部打磨成缓坡形，然后再焊，焊到缓坡前沿时，电弧向坡口根部压送，并稍作停留，然后焊过缓坡，直至超过正式焊缝 5～10 mm，填满弧坑后熄弧
2. 盖面层：先清理打底焊道、打磨焊道。盖面焊应采用斜锯齿形灭弧焊法焊接。在 6 点位置前 5～10 mm 处引燃电弧起焊，将熔化金属从管侧带到钢板上，向右推熔化金属，形成第一个浅的熔池。以后都是从管向板作斜圆圈形运条，电弧在板侧停留时间稍长些。当焊至上坡焊时，电弧从钢板侧向管侧作斜圆圈形运条。焊缝收口时，要和前半圈收尾道口吻合好，并填满弧坑后收弧</td></tr>
<tr><td>安全要求</td><td>1. 焊前注意穿戴个人劳保用品；检查设备各接线处是否有松动现象，焊钳及电缆线是否有破损；防止漏电和接触不良现象；焊接过程中注意个人保护及提醒周围同学注意防范
2. 清渣注意遮挡，防止飞溅伤及自己及旁人；并注意防止焊件烧伤电缆线
3. 焊后必须把焊件表面熔渣和飞溅物清理干净。每天工作完毕清理现场</td></tr>
</table>

评 分 表

班级　　　　　　　　　　　　姓名　　　　　　　　　　年　　月　　日

考件名称	焊条电弧焊骑座式管板水平固定全位置焊	考核时间	30 min	总分	
项目	考核技术要求	配分	评分标准		得分
焊缝外观质量	焊脚尺寸（k）$8 \leqslant k \leqslant 10$ mm	8	每超差 1 mm 扣 2 分		
	焊缝凸度（h'）$0 \leqslant h' \leqslant 1$ mm	8	每超差 1 mm 扣 2 分		
	管板之间夹角 88°～92°	6	每超差 1° 扣 1 分		
	焊脚两边尺寸差≤2 mm	8	每超差 1 mm 扣 1 分		
	焊缝边缘直线度误差≤3 mm	6	每超差 1 mm 扣 1 分		
	咬边缺陷深度 $F \leqslant 0.5$ mm，累计长度 <30 mm	8	每超差 1 mm 扣 2 分，扣完为止		
	无未焊透	8	每出现一处缺陷扣 2 分		
	收尾弧坑填满	8	未填满不得分		
	无未熔合	6	出现缺陷不得分		
	无焊瘤	6	每出现一处焊瘤扣 2 分		
	无气孔	6	每出现一处气孔扣 2 分		
	接头无脱节	6	每出现一处脱节扣 1 分		
	焊缝表面波纹细腻、均匀，成形美观	6	根据成形酌情扣分		
安全文明生产	按照国家安全生产法规有关规定考核	5	1．劳保用品穿戴不全，扣 2 分 2．焊接过程中有违反安全操作规程的现象,根据情况扣 2～5 分 3．焊完后场地清理不干净，工具码放不整齐，扣 3 分		
时限	焊件必须在考核时间内完成	5	超时<5 min 扣 2 分 超时 5～10 min 扣 5 分 超时>10 min 不及格		
个人小结					

第二章 二氧化碳气体保护电弧焊

第一节 二氧化碳气体保护电弧焊概述

一、二氧化碳气体保护电弧焊的工作原理

二氧化碳气体保护电弧焊（简称二氧化碳气体保护焊）是利用二氧化碳作为保护气体的熔化极电弧焊焊接方法。如图 2-1 所示，这种方法以二氧化碳气体作为保护介质，使电弧及熔池与周围空气隔离，防止空气中氧、氮、氢等有害物质对熔滴和熔池金属产生污染，从而获得优良的机械保护性能。生产中一般是利用专用的焊枪，形成足够的二氧化碳气体保护层，依靠焊丝与焊件之间的电弧热，进行自动或半自动熔化极气体保护焊接。这种焊接法采用焊丝自动送丝，敷化金属量大、生产效率高、质量稳定。因此，在国内外获得广泛应用。

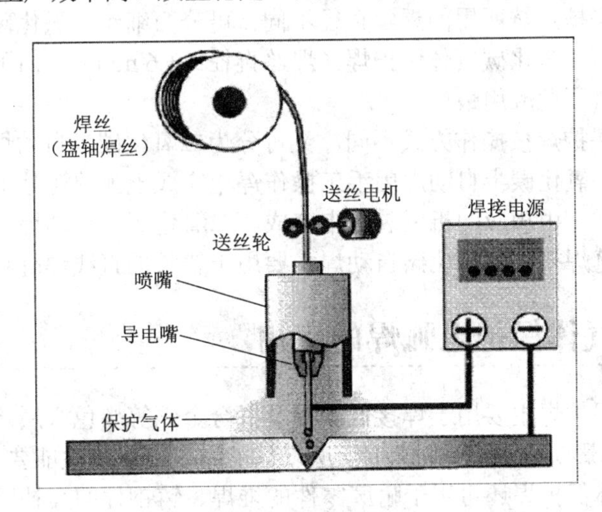

图 2-1　二氧化碳气体保护焊的工作原理

二、二氧化碳气体保护电弧焊的特点

1. 优点

（1）焊接生产率高。由于焊接电流密度较大，电弧热量利用率较高以及焊后不需清渣，因此提高了生产率。二氧化碳气体保护焊的生产率比普通的焊条电弧焊高 2～4 倍。

（2）焊接成本低。二氧化碳气体来源广，价格便宜，而且电能消耗少，故使焊接成本降低。通常二氧化碳气体保护焊的成本只有埋弧焊或焊条电弧焊的 40%～50%。

（3）焊接变形小。由于电弧加热集中，焊件受热面积小，同时二氧化碳气流有较强的冷却作用，所以焊接变形小，特别适用于薄板焊接。

（4）焊接质量较高。对铁锈敏感性小，焊缝含氢量少，抗裂性能好。

（5）适用范围广。可实现全位置焊接，并且对于薄板、中厚板甚至厚板都能焊接。

（6）操作简便。焊后不需清渣，且是明弧，便于监控，有利于实现机械化和自动化焊接。

2．缺点

（1）飞溅率较大，并且焊缝表面成形较差。金属飞溅是二氧化碳气体保护焊中较为突出的问题，这是主要缺点。

（2）很难用交流电源进行焊接，焊接设备比较复杂。

（3）抗风能力差，给室外作业带来一定困难。

（4）不能焊接容易氧化的有色金属。

二氧化碳气体保护焊的缺点可以通过提高技术水平和改进焊接材料、焊接设备加以解决，而其优点却是其他焊接方法所不能比的。因此，可以认为二氧化碳气体保护焊是一种高效率、低成本的节能焊接方法。

三、二氧化碳气体保护电弧焊的分类

二氧化碳气体保护焊按所用的焊丝直径不同，可分为细丝二氧化碳气体保护焊（焊丝直径≤1.2 mm）及粗丝二氧化碳气体保护焊（焊丝直径≥1.6 mm）。由于细丝二氧化碳气体保护焊工艺比较成熟，因此应用最广。

二氧化碳气体保护焊按操作方式不同，又可分为二氧化碳半自动焊和二氧化碳自动焊。其主要区别在于：二氧化碳半自动焊用手工操作焊枪完成电弧热源移动，而送丝、送气等与二氧化碳自动焊一样，由相应的机械装置来完成。二氧化碳半自动焊的机动性较大，适用于不规则或较短的焊缝焊接；二氧化碳自动焊主要用于较长的直线焊缝和环形焊缝等焊接。

四、二氧化碳气体保护电弧焊的应用

二氧化碳气体保护焊主要用于焊接低碳钢及低合金钢等黑色金属。对于不锈钢，由于焊缝金属有增碳现象，影响抗晶间腐蚀性能，所以只能用于对焊缝性能要求不高的不锈钢焊件。此外，二氧化碳气体保护焊还可用于耐磨零件的堆焊、铸钢件的焊补以及电铆焊等方面。目前二氧化碳气体保护焊已在汽车制造、机车和车辆制造、化工机械、农业机械、矿山机械等行业得到了广泛的应用。

五、二氧化碳气体

二氧化碳是一种无色、无味和无毒气体。在常温下它的密度为 1.98 kg/m^3，约为空气的 1.5 倍。在常温时很稳定，但在高温时发生分解，至 5 000 K 时几乎能全部分解。

二氧化碳有三种形态：固态、液态和气态。其转变的方式比较特殊，气态的二氧化碳只有受到压缩才能变成液态。常压冷却时，二氧化碳气体将直接变成固态的干冰。固态的干冰

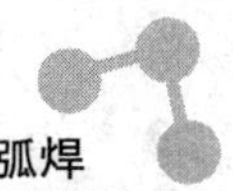

在温度升高时也只能直接变成气态，而不经过液态的转变。但是，固态二氧化碳不适于在焊接中使用，因为空气中的水分会冷凝在干冰的表面上，使二氧化碳气体中带有大量的水分。因此，用于二氧化碳焊的是由瓶装液态二氧化碳所产生的二氧化碳气体。

气体在较高压力下能变成液体，液态二氧化碳的密度随温度有很大变化，当温度低于−11 ℃时比水重，而当温度高于−11 ℃时比水轻。由于二氧化碳由液态变为气态的沸点很低，为−78.9 ℃，所以工业用二氧化碳都是使用液态的，常温下它自己就汽化。在 0 ℃和 101.3 kPa（1 个大气压）下，1 kg 液态二氧化碳可以汽化成 509 L 的气态二氧化碳。通常容量为 40 L 的标准钢瓶内，可以灌入 25 kg 的液态二氧化碳，约占钢瓶容积的 80%，其余 20%左右的空间则充满汽化了的二氧化碳。一瓶液态二氧化碳可以汽化成 12 725 L 气体，焊接过程中气体流量为 15 L/min 时，可以连续使用 14 h 左右。

气瓶的压力与环境温度有关，当温度为 0～20 ℃时，瓶中压力为（4.5～6.8）$\times10^6$ Pa（40～60 个大气压）；当环境温度在 30 ℃以上时，瓶中压力急剧增加，可达 7.4×10^6 Pa（73 个大气压）以上。所以气瓶不得放在火炉、暖气等热源附近，也不得放在烈日下暴晒，以防发生爆炸。

六、二氧化碳气体保护电弧焊焊丝

二氧化碳气体保护焊焊丝既是填充金属又是电极，所以既要保证一定的化学成分和力学性能，又要保证具有良好的导电性和工艺性能。

1. 对焊丝的要求

（1）脱氧剂。焊丝必须含有一定数量的脱氧剂，以防止产生气孔，减少飞溅并提高焊缝金属的力学性能。用于低碳钢和低合金钢二氧化碳气体保护焊的焊丝，主要的脱氧剂是 Si 和 Mn。其成分含量范围 *w*（Si）为 0.5%～1%、*w*（Mn）为 1%～2.5%。Mn、Si 含量比为 1:1.2～1:2.5，发挥“Si—Mn”联合脱氧的有利作用。

（2）C、S、P 焊丝的含碳量要低。

（3）镀铜。为防锈及提高导电性，焊丝表面最好镀铜。但镀铜焊丝的含铜量不能太大，否则会形成低熔共晶体，影响焊缝金属的抗裂能力。要求镀铜焊丝的 *w*（Cu）不大于 0.5%。

2. 焊丝的化学成分

这类焊丝采取 Si、Mn 联合脱氧，具有很好的抗气孔能力。Si 和 Mn 元素也起合金化的作用，使焊缝金属具有较高的力学性能。此外，焊丝的 *w*（C）限制在 0.11%以下，有利于减少焊接时的飞溅。H08Mn2SiA 焊丝的化学成分及焊缝力学性能如下。

焊丝化学成分（%）：

C	Si	Mn	Cr	Ni	S	P	Cu
≤0.11	0.65～0.95	1.8～2.1	≤0.2	≤0.3	≤0.03	≤0.03	≤0.5

熔敷金属力学性能：

σ_b/MPa	σ_s/MPa	δ_5/%	AKV（J）常温
≥490	≥372	≥20	≥47

焊丝规格：

直径/mm	0.8	1.0	1.2	1.6	2.0	2.5	3.2

3．焊丝的分类

焊丝分实芯焊丝和药芯焊丝两种。根据最新的国家标准，焊丝用型号表示，已不再用牌号表示。

4．焊丝的型号和牌号

1）实芯焊丝

I．实芯焊丝型号

气体保护焊用碳钢、低合金钢焊丝按化学成分和采用熔化极气体保护焊时熔敷金属的力学性能分类。

焊丝型号的表示方法为 ER××-×，字母“ER”表示焊丝，ER 后的两位数字表示熔敷金属的抗拉强度最低值，“-”后面的字母或数字表示焊丝化学成分分类代号。如还附加其他化学元素时，直接用元素符号表示，并以“-”与前面数字分开。GB/T 8110—2008《气体保护电弧焊用碳钢、低合金钢焊丝》采用的是型号表示法，如 ER50-6。

II．实芯焊丝牌号

除了气体保护焊用碳钢及低合金钢焊丝外，实芯焊丝牌号的首位字母“H”表示焊接用实芯焊丝，后面的一位或二位数字表示含碳量，其他合金元素含量的表示方法与钢材的表示方法大致相同。化学元素符号及其后的数字表示该元素近似含量；牌号尾部标有“A”或“E”时，A 表示硫、磷含量要求低的优质钢焊丝，“E”表示硫、磷含量要求特别低的特优质钢焊丝。GB/T 8110—2008 采用的是牌号表示法，如 H08Mn2SiA。

2）药芯焊丝

I．药芯焊丝型号

药芯焊丝根据药芯类型、是否采用保护气体、焊接电流种类以及对单道焊和多道焊的适用性进行分类。

根据 GB/T 10045—2001 的规定，药芯焊丝型号由焊丝类型代号和焊缝金属的力学性能两部分组成。

第一部分以英文字母“EF”表示药芯焊丝类型代号。代号后面的第一位数字表示适用的焊接位置：“0”表示用于平焊和横焊，“1”表示用于全位置焊。代号后面的第二位数字或字母为类型代号。

第二部分在“-”后用四位数字表示焊缝金属的力学性能：前两位数字表示抗拉强度最低值；后两位数字表示冲击吸收功，其中第一位数字表示冲击吸收功不小于 27 J 所对应的试验温度，第二位数字表示冲击吸收功不小于 47 J 所对应的试验温度。GB/T 10045—2001《碳钢药芯焊丝》采用型号表示法，如 EF03-5042。GB/T 17493—2008《低合金钢药芯焊丝》采用型号表示法，如 E601T1-B3。

注意：同是药芯焊丝，碳钢药芯焊丝和低合金钢药芯焊丝型号表示的规则不同。

实芯焊丝的国内品牌较多，药芯焊丝的国内品牌不多。

II．药芯焊丝牌号

牌号第一个字母“Y”表示药芯焊丝，第二个字母及第一、二、三位数字与焊条编制方法相同；“-”后面的数字表示焊接时的保护方法。药芯焊丝有特殊性能和用途时，在牌号后面加注有主要用途的元素或主要用途的字母（一般不超过两个）。

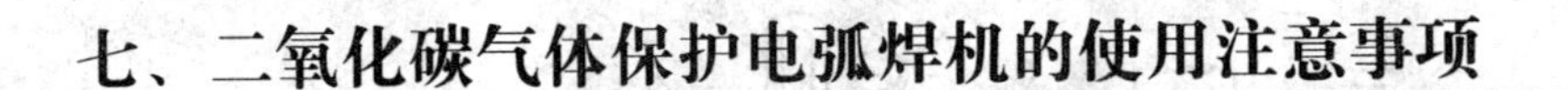

七、二氧化碳气体保护电弧焊机的使用注意事项

1．导电嘴

（1）长度与喷嘴长度相等或比喷嘴短 2～3 mm 为宜。

（2）内孔磨损较大时应更换，以保证电弧稳定。

（3）必须拧紧。

（4）焊接时保证干伸长度，以保证焊接质量。

2．喷嘴

（1）使用时一定要拧紧。

（2）及时清理飞溅物，但不能用敲击的方法。

（3）保证与导电嘴的同心度，以避免乱流、涡流。

3．焊枪

严禁用焊枪（见图 2-2）拖曳送丝机。

4．送丝管

定期检查送丝阻力，及时清理、除尘。

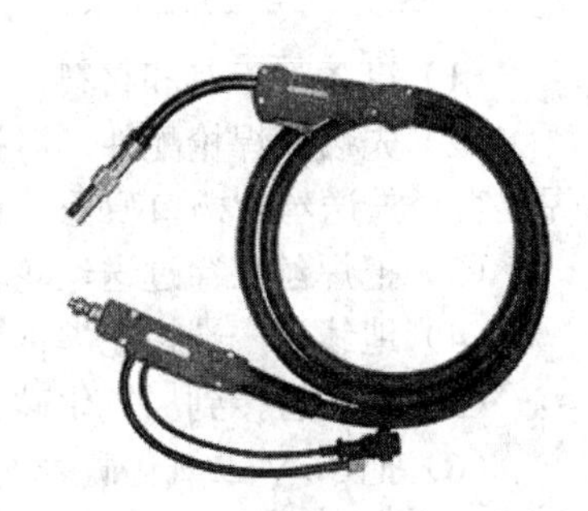

图 2-2　焊枪

5．焊接电缆

（1）焊接回路中所有连接点牢固，不得虚接和松接。

（2）加长电缆线时不能盘绕，以防止产生电感。

（3）保证电缆截面面积与焊机最大电流匹配，不能用钢、铁条代替。

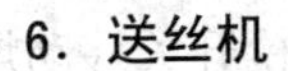

6．送丝机

送丝机如图 2-3 所示。

（1）送丝轮槽径、焊接电源面板上丝径选择、手柄压力与焊丝直径对应。

（2）焊接电流符合焊丝直径允许使用电流范围。

（3）除焊丝铝盘轴外，其他部位不能加油润滑。

7．供气系统

（1）使用二氧化碳时流量计（见图 2-4）必须加热，刻度管与水平垂直。

图 2-3　送丝机

图 2-4　流量计

（2）气体流量根据电流确定，一般在 15～25 L/min 之间。

（3）气瓶必须垂直固定好，以防摔倒。

（4）供气管路任何部位不应有气体泄漏现象，以节约气体。

供气系统如图 2-5 所示。

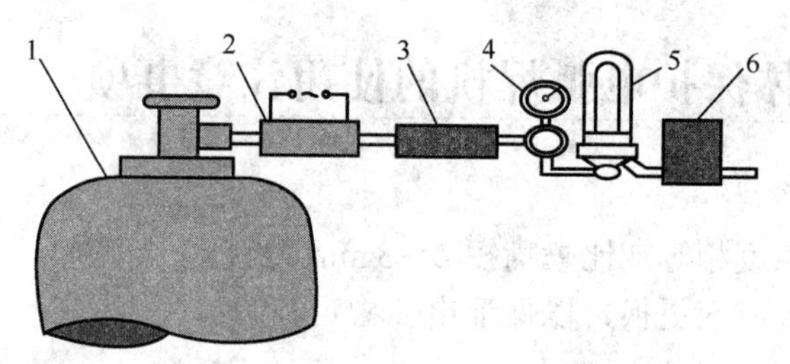

图 2-5　供气系统

1—CO_2钢瓶；2—预热瓶；3—干燥器；4—减压阀；5—流量计；6—电磁气阀

八、焊机的安装接线操作步骤及要求

（1）准备好工具和材料。

（2）先装好焊枪配件，再把焊枪装到送丝机接口上，然后把焊丝安装到送丝盘上，确认焊丝直径与送丝轮槽口型号一致。

（3）把焊丝头穿过送丝轮再穿过导管内，并把压紧轮打上。

（4）地线另一端接在焊件上。

（5）把气管接到二氧化碳减压阀接口上。

（6）把 36 V 三氧化碳表的电源线插到后板规定的插座上。

（7）用一条黄绿双色线与焊机接地标示点相连，另一端与大地可靠连接。

（8）查明焊接电源所规定的焊接电压、相数、频率，确保与电网相符再接电源开关。

（9）安装完毕合上供电开关，再打开焊机的电源开关调整电流到合适位置。

（10）准备试机。按焊枪开关送丝转动并让焊丝送出焊枪 10 mm 左右，打开减压阀开关调整调节器，让气流量在 5～10 L/h 之间，调整电流旋转到合适位置，按焊枪开关移动焊枪可以开始焊接。

九、二氧化碳焊接设备的日常维护

（1）检查焊机输出接线是否规范、牢固，而且出线方向是否向下接近垂直，与水平夹角是否大于 70°。

（2）检查电缆连接处的螺钉是否紧固，螺丝规格是否为六角螺栓 M10×30，平垫、弹垫是否齐全，有无生锈氧化等不良现象。

（3）检查接线处电缆裸露长度是否小于 10 mm。

（4）检查焊机机壳接地是否牢靠。

（5）检查焊机电源、母材接地是否良好、规范。

（6）检查电源线、焊接电缆与电焊机的接线处屏护罩是否完好。

（7）检查焊机冷却风扇转动是否灵活、正常。

（8）检查电源开关、电源指示灯及调节手柄旋钮是否保持完好，电流表、电压表指针是否灵活、准确。

（9）检查二氧化碳气体有无泄漏。

（10）检查二氧化碳焊枪与二氧化碳送丝装置连接处内六角螺丝是否拧紧，二氧化碳焊枪是否松动。

（11）检查二氧化碳送丝装置矫正轮、送丝轮是否磨损，并及时更换。

（12）经常彻底清洁设备表面油污。

（13）每半年对焊机内部用压缩空气（不含水分）清洁一次内部的粉尘（一定要切断电源后再清洁）。

十、二氧化碳焊接的安全操作注意事项

（1）做好焊接人员的培训，做到持证上岗，杜绝无证人员进行焊接作业。

（2）焊接切割设备要有良好的隔离防护装置，伸出箱体外的接线端应用防护罩盖好；有插销孔接头的设备，插销孔的导体应隐蔽在绝缘板平面内。

（3）改变焊接设备接头、转移工作地点、更换保险丝以及焊接设备发生故障需检修时，必须在切断电源后方可进行。推拉闸刀开关时，必须戴绝缘手套，同时头部须偏斜。

（4）焊工在操作时不应穿有铁钉的鞋。

（5）在光线不足的较暗环境工作，必须使用手提工作灯，一般环境使用照明电压不超过 36 V。在潮湿、金属容器等危险环境，照明电压不得超过 12 V。

（6）焊机各个带电部分之间及其外壳对地之间必须符合绝缘标准的要求，其电阻值均不得小于 1 MΩ。

（7）焊机不带电的金属外壳，必须采用保护接零或保护接地的防护措施。

（8）焊机的各个接触点和连接件应牢靠，焊机设备摆放要便于检查维修。

（9）在进行化工及燃料容器和管道的焊接作业时，必须采取切实可靠的防爆、防火和防毒等措施。

（10）二氧化碳气体保护焊电弧光辐射比手工电弧焊强，因此应加强防护。

（11）二氧化碳气体保护焊接时，飞溅较多，尤其是粗丝（直径大于 1.6 mm）焊接更会产生大颗粒飞溅，焊工应有完善的防护用具，以防人体被灼伤。

（12）二氧化碳气体在焊接电弧高温下会分解生成对人体有害的一氧化碳气体，焊接时还排出其他有害气体和烟尘，特别是在容器内施焊，更应加强通风，而且要使用能供给新鲜空气的特殊面罩，容器外应有人监护。

（13）大电流粗焊丝二氧化碳气体保护焊接时，应防止焊枪水冷系统漏水破坏绝缘，并在焊把前加防护挡板，以免发生触电事故。

（14）气瓶应小心轻放，竖立牢固，以防倾倒，气瓶与热源距离应大于 3 m，不得靠近火源，勿暴晒。

（15）装有液态二氧化碳的气瓶，满瓶压力为 5～7 MPa，但当遇到外加的热源时，液体便能迅速地蒸发为气体，使瓶内压力升高。受到的热量越大，压力的增高越大，这样就有造成爆炸的危险。因此装有二氧化碳的气瓶不能接近热源，同时应采取降温等安全措施，以避免气瓶爆炸事故发生。使用二氧化碳气瓶必须遵守《气瓶安全监察规程》的规定。

（16）气瓶要有防震胶圈，且不使气瓶跌落或受到撞击。打开阀门时不应操作过快。

（17）不得擅自更改气瓶的钢印和颜色标记，气瓶使用前应进行安全状况检查，对盛装气体进行确认。气瓶投入使用后，不得对瓶体进行挖补、焊接修理。

（18）气瓶装佩安全帽，以防止摔断瓶阀造成事故。气瓶要定期检验。如发现有严重腐蚀、损伤或对其安全可靠性有怀疑时，应提前进行检验。

（19）瓶内气体不得用尽，必须留有剩余压力。

第二节　二氧化碳气体保护电弧焊实训课题

课题一　二氧化碳气体保护焊I形坡口钢板对接平焊

<table>
<tr><td rowspan="2">母材</td><td>牌号</td><td colspan="3">Q235A</td><td rowspan="2" colspan="2">焊丝</td><td>牌号</td><td colspan="2">H08Mn2SiA</td></tr>
<tr><td>规格</td><td colspan="3">300×100×6</td><td>规格</td><td colspan="2">φ1.2</td></tr>
<tr><td colspan="5">焊接位置示意图</td><td colspan="5">焊接方向与焊枪角度
10°～20°
焊接方向
90°</td></tr>
<tr><td>焊前准备</td><td colspan="9">1. 试件装配：将焊件两面两侧30 mm范围内的油污、铁锈等清理干净，使其露出金属光泽。对焊件去毛刺、修正钝边，调直焊件直线度
2. 试件装配：装配间隙为0.5～1 mm，错边量0～0.5 mm；采用两点固定焊法进行点固焊，点固点应设在焊件两端头20 mm以内；预留反变形量为3°～4°</td></tr>
<tr><td>焊层道号</td><td>焊接方法</td><td>焊丝规格</td><td>接头数量</td><td>电流范围/A</td><td>电压范围/V</td><td>焊丝伸出长度/mm</td><td>气体流量/（L/min）</td><td>电源极性</td><td>焊接走向</td></tr>
<tr><td>1-1</td><td>GMAW</td><td>φ1.2</td><td>1</td><td>80～90</td><td>17～19</td><td>10～15</td><td>10～15</td><td>反接</td><td>由右向左</td></tr>
<tr><td>2-1</td><td>GMAW</td><td>φ1.2</td><td>1</td><td>90～100</td><td>18～20</td><td>10～15</td><td>10～15</td><td>反接</td><td>由右向左</td></tr>
<tr><td>操作要领</td><td colspan="9">1. 持枪姿势：①操作时用身体的某个部位承担焊枪的重量，通常手臂处于自然状态，手腕能灵活带动焊枪平移或转动，不感到太累就行；②焊接过程中，软管电缆最小的曲率半径应大于300 mm，焊接时可随意拖动焊枪；③焊接过程中，能维持焊枪倾角不变，还能清楚、方便地观察熔池
2. 引弧：按动焊枪开关，引燃电弧。此时焊枪有抬起趋势，必须用均衡的力来控制好，将焊枪向下压，尽量减少回弹，保持喷嘴与焊件间距离。引弧后，将电弧稍拉长对焊缝端部适当预热，然后压低电弧进行起始端焊接。焊枪运行方法为月牙形，两边稍作停留；焊接过程注意观察熔池为横椭圆形，熔池互相之间叠加为1/3
3. 焊枪角度：焊枪与工件两侧成90°，沿焊接方向成85°～90°
4. 焊缝的连接：①摆动法焊缝连接是在原熔池前方10～20 mm处引弧，然后以直线方式将电弧引向接头处，在接头中心开始摆动，并在向前移动的同时逐渐加大摆幅（保持原形成的焊缝与原焊缝宽度相同），最后转入正常焊接；②直线法焊缝连接是在原熔池前方10～20 mm处引弧，然后迅速将电弧引向原熔池中心，待熔化金属与原熔池边缘吻合后，再将电弧引向前方，使焊丝保持一定的高度和角度，并以稳定的速度向前移动
5. 收尾：收尾采用反复熄弧法，把弧坑填满</td></tr>
<tr><td>安全要求</td><td colspan="9">1. 二氧化碳气体保护焊弧光较强，焊前应注意个人防护，穿戴好劳保用品；检查设备各接线处是否有松动现象，焊枪及电缆线是否有破损；防止漏电和接触不良现象
2. 焊接过程中注意个人保护及提醒周围同学注意防范
3. 二氧化碳气体保护焊会产生烟雾、一氧化碳及金属粉尘，因此要注意保持空气流通
4. 焊后焊枪小心轻放，不能用手直接接触摸焊件，防止烫伤
5. 焊后必须把焊件表面氧化皮和飞溅物清理干净。每天工作完毕清理现场</td></tr>
</table>

评　分　表

班级　　　　　　　　　　　　姓名　　　　　　　　　　年　　月　　日

考件名称	二氧化碳气体保护焊I形坡口钢板对接平焊	考核时间	20 min	总分	
项目	考核技术要求	配分	评分标准		得分
焊缝外观质量	焊缝余高（h）$0 \leqslant h \leqslant 3$ mm	6	每超差 1 mm 扣 2 分		
	焊缝余高差（h_1）$0 \leqslant h_1 \leqslant 1$ mm	3	每超差 1 mm 扣 1 分		
	焊缝宽度 6～8 mm	5	每超差 1mm 扣 1 分		
	焊缝宽度差（c_1）$0 \leqslant c_1 \leqslant 2$ mm	5	每超差 1 mm 扣 1 分		
	焊缝边缘直线度误差≤1 mm	10	每超差 1 mm 扣 3 分		
	焊后错边量≤0.5 mm	5	每超差 1 mm 扣 2 分		
	咬边缺陷深度 $F \leqslant 0.5$mm；累计长度＜30 mm	10	每超差 1 mm 扣 2 分，扣完为止		
	无未焊透	10	每出现一处缺陷扣 5 分		
	无未熔合	5	出现缺陷不得分		
	角变形≤3°	3	每超差 1° 扣 1 分		
	无焊瘤	6	每出现一处焊瘤扣 2 分		
	无气孔	6	每出现一处气孔扣 2 分		
	接头无脱节	6	每出现一处脱节扣 2 分		
	焊缝表面波纹细腻、均匀，成形美观	10	根据成形酌情扣分		
安全文明生产	按照国家安全生产法规有关规定考核	5	1. 劳保用品穿戴不全，扣 2 分 2. 焊接过程中有违反安全操作规程的现象，根据情况扣 2～5 分 3. 焊完后场地清理不干净，工具码放不整齐，扣 3 分		
时限	焊件必须在考核时间内完成	5	超时＜5 min 扣 2 分 超时 5～10 min 扣 5 分 超时＞10 min 不及格		
个人小结					

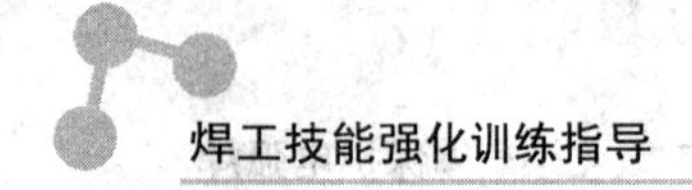

课题二　二氧化碳气体保护焊 T 形接头平角焊

母材	牌号	Q235A	焊丝	牌号	H08Mn2SiA
	规格	200×100×8		规格	ϕ1.2

焊接位置示意图	焊接顺序
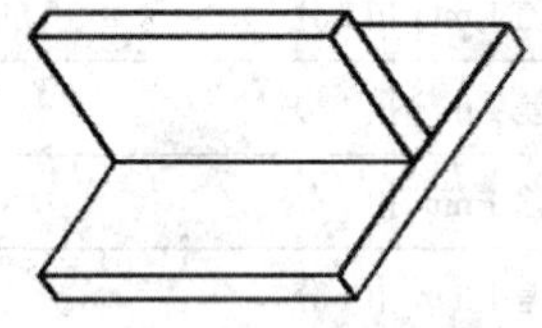	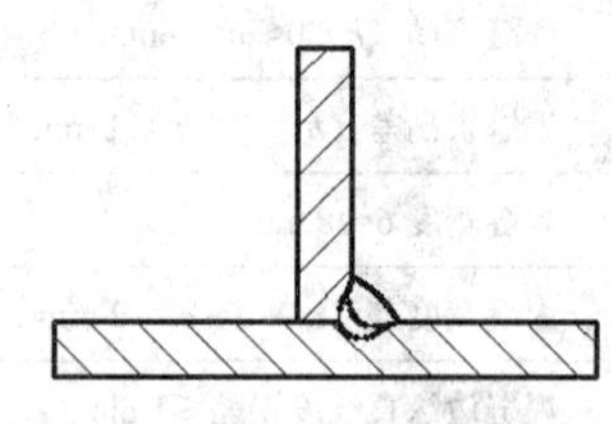

焊前准备

1．平角焊：包括角接接头、T 形接头和搭接接头，是使其接头处于水平位置进行焊接的操作方法。如上图所示。采用两层三道完成试件的焊接

2．试件清理：将试件待焊处两侧 15～20 mm 范围内的表面油、污物、铁锈等清理干净，使其露出金属光泽

3．试件装配：组对间隙 0～2 mm，定位焊缝长 10～15 mm，试件两端各一处

焊层道号	焊接方法	焊丝规格	电流范围/A	电压范围/V	焊接速度/（m/h）	焊丝伸出长度/mm	气体流量/（L/min）	焊接走向
1-1	GMAW	ϕ1.2	160～180	22～23	20～22	10～15	15～20	自右向左
2-1	GMAW	ϕ1.2	180～200	23～24	20～22	10～15	15～20	自右向左

操作要领

1．采用左向焊法：其特点是容易观察焊接方向，熔深较浅，焊道平而宽，抗风能力强，保护效果好

2．调整好参数后，焊枪指向根部 1～2 mm 处在试板的右端引弧，第一层焊道运条方法采用直线形，焊接电流应稍大些，以达到一定的熔透深度。焊丝与焊缝夹角为 70°～80°，与两钢板夹角为 45°

3．接头：在弧坑前方约 20 mm 处引弧，然后快速将电弧引向弧坑，待熔化金属填满弧坑后，立即将电弧引向前方，进行正常操作

4．第二层采用斜圆圈形或斜锯齿形运条法，运条必须有规律，注意焊道两测的停顿节奏，否则容易产生咬边、焊瘤等缺陷

5．收弧：如果焊机有弧坑控制电路，则焊枪在收弧处停止前进，同时接通控制收弧电路，焊接电流和电弧电压会自动变小，待熔池填满时断电，把弧坑填满。若无控制电路，则采用反复断弧收尾法，填满弧坑

安全要求

1．二氧化碳气体保护焊弧光较强，飞溅大，焊前应注意个人防护，穿戴好劳保用品；检查设备各接线处是否有松动现象，焊枪及电缆线是否有破损；防止漏电和接触不良现象

2．焊接过程中注意个人保护及提醒周围同学注意防范

3．二氧化碳气体保护焊会产生烟雾、一氧化碳及金属粉尘，因此要注意保持空气流通

4．焊后焊枪小心轻放，不能用手直接触摸焊件，防止烫伤

5．焊后必须把焊件表面氧化皮和飞溅物清理干净。每天工作完毕清理现场

评　分　表

班级　　　　　　　　　　　　　　姓名　　　　　　　　　　年　　月　　日

<table>
<tr><td>考件名称</td><td>二氧化碳气体保护焊 T 形接头平角焊</td><td>考核时间</td><td>30 min</td><td>总分</td><td></td></tr>
<tr><td>项目</td><td>考核技术要求</td><td>配分</td><td colspan="2">评分标准</td><td>得分</td></tr>
<tr><td rowspan="13">焊缝外观质量</td><td>焊脚尺寸（k）$8 \leqslant k \leqslant 10$ mm</td><td>6</td><td colspan="2">每超差 1 mm 扣 2 分</td><td></td></tr>
<tr><td>焊缝凸度（h'）$0 \leqslant h' \leqslant 2$ mm</td><td>6</td><td colspan="2">每超差 1 mm 扣 2 分</td><td></td></tr>
<tr><td>两板之间夹角 88°～92°</td><td>6</td><td colspan="2">每超差 1° 扣 1 分</td><td></td></tr>
<tr><td>焊脚两边尺寸差≤2 mm</td><td>6</td><td colspan="2">每超差 1 mm 扣 1 分</td><td></td></tr>
<tr><td>焊缝边缘直线度误差≤3 mm</td><td>6</td><td colspan="2">每超差 1 mm 扣 1 分</td><td></td></tr>
<tr><td>咬边缺陷深度 $F \leqslant 0.5$mm，累计长度＜30 mm</td><td>8</td><td colspan="2">每超差 1 mm 扣 2 分，扣完为止</td><td></td></tr>
<tr><td>无未焊透</td><td>8</td><td colspan="2">每出现一处缺陷扣 2 分</td><td></td></tr>
<tr><td>收尾弧坑填满</td><td>8</td><td colspan="2">未填满不得分</td><td></td></tr>
<tr><td>无未熔合</td><td>8</td><td colspan="2">出现缺陷不得分</td><td></td></tr>
<tr><td>无焊瘤</td><td>6</td><td colspan="2">每出现一处焊瘤扣 2 分</td><td></td></tr>
<tr><td>无气孔</td><td>6</td><td colspan="2">每出现一处气孔扣 2 分</td><td></td></tr>
<tr><td>接头无脱节</td><td>6</td><td colspan="2">每出现一处脱节扣 1 分</td><td></td></tr>
<tr><td>焊缝表面波纹细腻、均匀，成形美观</td><td>10</td><td colspan="2">根据成形酌情扣分</td><td></td></tr>
<tr><td>安全文明生产</td><td>按照国家安全生产法规有关规定考核</td><td>5</td><td colspan="2">1．劳保用品穿戴不全，扣 2 分
2．焊接过程中有违反安全操作规程的现象，根据情况扣 2～5 分
3．焊完后场地清理不干净，工具码放不整齐，扣 3 分</td><td></td></tr>
<tr><td>时限</td><td>焊件必须在考核时间内完成</td><td>5</td><td colspan="2">超时＜5 min 扣 2 分
超时 5～10 min 扣 5 分
超时＞10 min 不及格</td><td></td></tr>
<tr><td>个人小结</td><td colspan="5"></td></tr>
</table>

课题三　二氧化碳气体保护焊 2 mm 钢板 I 形坡口对接立向下焊

母材	牌号	Q235A	焊丝	牌号	H08Mn2SiA
	规格	300×100×2		规格	ϕ1.0

焊接位置示意图

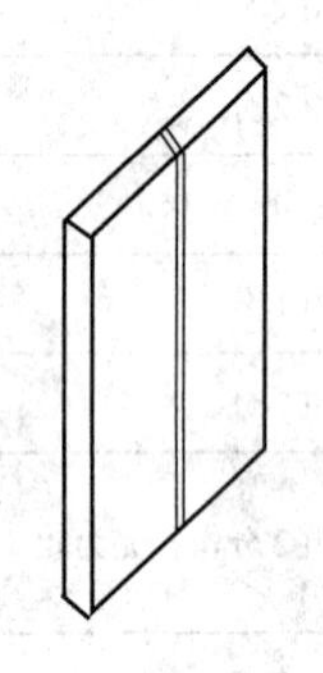

焊接方向与焊枪角度

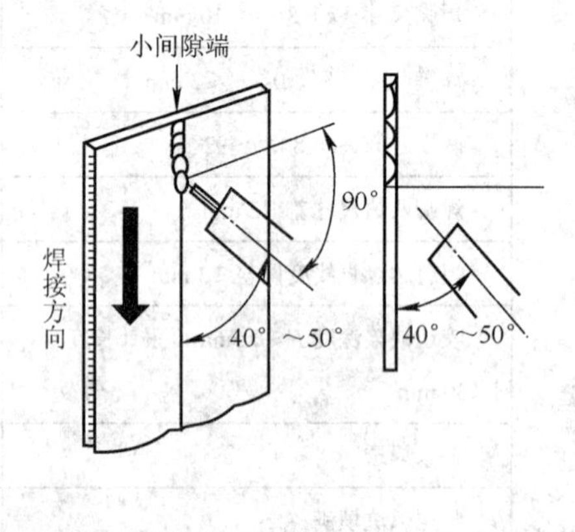

焊前准备

1. 试件装配：将焊件两面两侧 30 mm 范围内的油污、铁锈等清理干净，使其露出金属光泽。对焊件去毛刺、修正钝边，调直焊件直线度

2. 试件装配：装配间隙为 0.5～1 mm，错边量 0～0.5 mm；采用两点固定焊法进行点固焊，点固点应设在焊件两端头 20 mm 以内；预留反变形量为 2°～3°

3. 技术要求：单面焊双面成形

焊层道号	焊接方法	焊丝规格	接头数量	电流范围/A	电压范围/V	焊丝伸出长度/mm	气体流量/（L/min）	电源极性	焊接走向
1-1	GMAW	ϕ1.0	1	70～80	17～19	10～15	14～16	反接	由上向下

操作要领

1. 采用单层单道焊接，向下立焊，熔深较浅，可防止薄板的烧穿。调整好焊接工艺参数后，在试板顶端引弧，注意观察熔池，待试板对口边缘完全熔合后，开始向下焊接，焊接电流要小，焊接速度要快。焊枪不作横向摆动，当熔池温度过高时可适当作微摆动，因为单层焊要同时保证正反两面焊缝成形难度较大，焊接时要特别注意观察熔池，随时调整焊接角度

2. 焊枪角度如上图所示

安全要求

1. 二氧化碳气体保护焊弧光较强，飞溅较大，焊前应注意个人防护，穿戴好劳保用品；检查设备各接线处是否有松动现象，焊枪及电缆线是否有破损；防止漏电和接触不良现象

2. 焊接过程中注意个人保护及提醒周围同学注意防范

3. 二氧化碳气体保护焊会产生烟雾、一氧化碳及金属粉尘，因此要注意保持空气流通

4. 焊后焊枪小心轻放，不能用手直接触摸焊件，防止烫伤

5. 焊后必须把焊件表面氧化皮和飞溅物清理干净。每天工作完毕清理现场

评　分　表

班级　　　　　　　　　　　　　姓名　　　　　　　　　　年　　月　　日

考件名称	二氧化碳气体保护焊 2 mm 钢板 I 形坡口对接立向下焊	考核时间	15 min	总分	
项目	考核技术要求	配分	评分标准		得分
焊缝外观质量	焊缝余高（h）$0 \leq h \leq 2$ mm	6	每超差 1 mm 扣 2 分		
	焊缝余高差（h_1）$0 \leq h_1 \leq 1$ mm	3	每超差 1 mm 扣 1 分		
	焊缝宽度 5～6 mm	5	每超差 1 mm 扣 1 分		
	焊缝宽度差（c_1）$0 \leq c_1 \leq 2$ mm	5	每超差 1 mm 扣 1 分		
	焊缝边缘直线度误差≤1 mm	10	每超差 1 mm 扣 3 分		
	焊后错边量≤0.5 mm	5	每超差 0.5 mm 扣 2 分		
	咬边缺陷深度 $F \leq 0.5$ mm，累计长度＜30 mm	10	每超差 1 mm 扣 2 分，扣完为止		
	无未焊透	10	每出现一处缺陷扣 5 分		
	无未熔合	5	出现缺陷不得分		
	角变形≤3°	3	每超差 1° 扣 1 分		
	无焊瘤	6	每出现一处焊瘤扣 2 分		
	无气孔	6	每出现一处气孔扣 2 分		
	接头无脱节	6	每出现一处脱节扣 2 分		
	焊缝表面波纹细腻、均匀，成形美观	10	根据成形酌情扣分		
安全文明生产	按照国家安全生产法规有关规定考核	5	1. 劳保用品穿戴不全，扣 2 分 2. 焊接过程中有违反安全操作规程的现象，根据情况扣 2～5 分 3. 焊完后场地清理不干净，工具码放不整齐，扣 3 分		
时限	焊件必须在考核时间内完成	5	超时＜5 min 扣 2 分 超时 5～10 min 扣 5 分 超时＞10 min 不及格		
个人小结					

课题四　二氧化碳气体保护焊 I 形坡口钢板对接立焊

母材	牌号	Q235A	焊丝	牌号	H08Mn2SiA
	规格	300×100×8		规格	$\phi1.0$

焊接位置示意图	焊接方向与焊枪角度
	90°±10°

焊前准备	内容
焊前准备	1．试件装配：将焊件两面两侧 30 mm 范围内的油污、铁锈等清理干净，使其露出金属光泽。对焊件去毛刺、修正钝边，调直工件直线度 2．试件装配：装配间隙为 0.5～1 mm，错边量 0～0.5 mm；采用两点固定焊法进行点固焊，点固点应设在工件两端头 20 mm 以内；预留反变形量为 3°～4°

焊层道号	焊接方法	焊丝规格	接头数量	电流范围/A	电压范围/V	焊丝伸出长度/mm	气体流量/（L/min）	电源极性	焊接走向
1-1	GMAW	$\phi1.0$	1	90～110	18～20	10～15	10～15	反接	立向上

操作要领	1．持枪姿势：①操作时用身体的某个部位承担焊枪的重量，通常手臂处于自然状态，手腕能灵活带动焊枪平移或转动，不感到太累就行；②焊接过程中，软管电缆最小的曲率半径应大于 300 mm，焊接时可随意拖动焊枪；③焊接过程中，能维持焊枪倾角不变，还能清楚、方便地观察熔池 2．引弧：按动焊枪开关，引燃电弧。此时焊枪有抬起趋势，必须用均衡的力来控制好，将焊枪向下压，尽量减少回弹，保持喷嘴与焊件间的距离。引弧后，将电弧稍拉长对焊缝端部适当预热。然后再压低电弧进行起始端焊接。焊枪运行方法为月牙形，两边稍作停留；焊接过程注意观察熔池为横椭圆形，熔池互相之间叠加为 1/3 3．焊枪角度：焊枪与焊件两侧成 90°，沿焊接方向成 85°～90° 4．焊缝的连接：①摆动法焊缝连接是在原熔池前方 10～20 mm 处引弧，然后以直线方式将电弧引向接头处，在接头中心开始摆动，并在向前移动的同时，逐渐加大摆幅（保持原形成的焊缝与原焊缝宽度相同），最后转入正常焊接；②直线法焊缝连接是在原熔池前方 10～20 mm 处引弧，然后迅速将电弧引向原熔池中心，待熔化金属与原熔池边缘吻合后，再将电弧引向前方，使焊丝保持一定的高度和角度，并以稳定的速度向前移动 5．收尾：采用多次断续引弧方式填充弧坑，直到将弧坑填满为止
安全要求	1．二氧化碳气体保护焊弧光较强，飞溅较大，焊前应注意个人防护，穿戴好劳保用品；检查设备各接线处是否有松动现象，焊枪及电缆线是否有破损；防止漏电和接触不良现象 2．焊接过程中注意个人保护及提醒周围同学注意防范 3．二氧化碳气体保护焊会产生烟雾、一氧化碳及金属粉尘，要注意保持空气流通 4．焊后焊枪小心轻放，不能用手直接触摸焊件，防止烫伤 5．焊后必须把焊件表面氧化皮和飞溅物清理干净。每天工作完毕清理现场

评　分　表

班级　　　　　　　　　　　　　　姓名　　　　　　　　　　　　　年　　月　　日

<table>
<tr><td>考件名称</td><td>二氧化碳气体保护焊I形坡口钢板对接立焊</td><td>考核时间</td><td>15 min</td><td>总分</td><td></td></tr>
<tr><td>项目</td><td>考核技术要求</td><td>配分</td><td colspan="2">评分标准</td><td>得分</td></tr>
<tr><td rowspan="14">焊缝外观质量</td><td>焊缝余高（h）$0 \leqslant h \leqslant 3$ mm</td><td>6</td><td colspan="2">每超差1 mm扣2分</td><td></td></tr>
<tr><td>焊缝余高差（h_1）$0 \leqslant h_1 \leqslant 1$ mm</td><td>3</td><td colspan="2">每超差1 mm扣1分</td><td></td></tr>
<tr><td>焊缝宽度5～6 mm</td><td>5</td><td colspan="2">每超差1 mm扣1分</td><td></td></tr>
<tr><td>焊缝宽度差（c_1）$0 \leqslant c_1 \leqslant 2$ mm</td><td>5</td><td colspan="2">每超差1 mm扣1分</td><td></td></tr>
<tr><td>焊缝边缘直线度误差≤1 mm</td><td>10</td><td colspan="2">每超差1 mm扣3分</td><td></td></tr>
<tr><td>焊后错边量≤0.5 mm</td><td>5</td><td colspan="2">每超差1 mm扣2分</td><td></td></tr>
<tr><td>咬边缺陷深度$F \leqslant 0.5$ mm，累计长度$<$30 mm</td><td>10</td><td colspan="2">每超差1 mm扣2分，扣完为止</td><td></td></tr>
<tr><td>无未焊透</td><td>10</td><td colspan="2">每出现一处缺陷扣5分</td><td></td></tr>
<tr><td>无未熔合</td><td>5</td><td colspan="2">出现缺陷不得分</td><td></td></tr>
<tr><td>角变形≤3°</td><td>3</td><td colspan="2">每超差1°扣1分</td><td></td></tr>
<tr><td>无焊瘤</td><td>6</td><td colspan="2">每出现一处焊瘤扣2分</td><td></td></tr>
<tr><td>无气孔</td><td>6</td><td colspan="2">每出现一处气孔扣2分</td><td></td></tr>
<tr><td>接头无脱节</td><td>6</td><td colspan="2">每出现一处脱节扣2分</td><td></td></tr>
<tr><td>焊缝表面波纹细腻、均匀，成形美观</td><td>10</td><td colspan="2">根据成形酌情扣分</td><td></td></tr>
<tr><td>安全文明生产</td><td>按照国家安全生产法规有关规定考核</td><td>5</td><td colspan="2">1．劳保用品穿戴不全，扣2分
2．焊接过程中有违反安全操作规程的现象，根据情况扣2～5分
3．焊完后场地清理不干净，工具码放不整齐，扣3分</td><td></td></tr>
<tr><td>时限</td><td>焊件必须在考核时间内完成</td><td>5</td><td colspan="2">超时$<$5 min扣2分
超时5～10 min扣5分
超时$>$10 min不及格</td><td></td></tr>
<tr><td>个人小结</td><td colspan="5"></td></tr>
</table>

课题五　二氧化碳气体保护焊 T 形接头钢板垂直立角焊

母材	牌号	Q235A	焊丝	牌号	H08Mn2SiA
	规格	200×100×6		规格	ϕ1.2

焊接位置示意图	焊接顺序
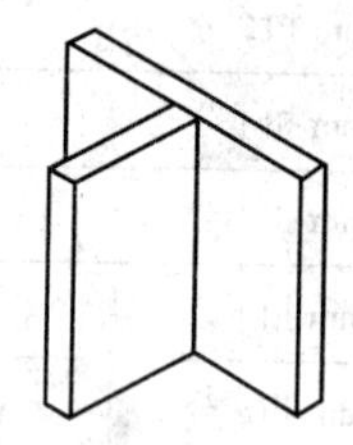	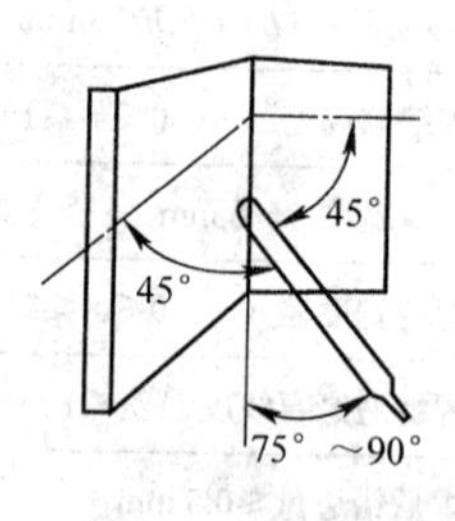

焊前准备

1．平角焊：包括角接接头、T 形接头和搭接接头，是使其接头处于水平位置进行焊接的操作方法。如上图所示

2．试件清理：将试件待焊处靠近坡口处上下两侧 15～20 mm 范围内的表面油、污物、铁锈等清理干净，使其露出金属光泽

3．试件装配：不留间隙，采用两点固定法

焊层道号	焊接方法	焊丝规格	电流范围/A	电压范围/V	焊接速度/(m/h)	焊丝伸出长度/mm	气体流量/(L/min)	焊接走向
1-1	GMAW	ϕ1.2	120～150	19～23	20～22	10～15	15～20	自下向上
2-1	GMAW	ϕ1.2	120～150	19～23	20～22	10～15	15～20	自下向上

操作要领

1．持枪姿势：①操作时用身体的某个部位承担焊枪的重量，通常手臂处于自然状态，手腕能灵活带动焊枪平移或转动，不感到太累就行；②焊接过程中，软管电缆最小的曲率半径应大于 300 mm，焊接时可随意拖动焊枪

2．引弧：按动焊枪开关，引燃电弧。此时焊枪有抬起趋势，必须用均衡的力来控制好，将焊枪向下压，尽量减少回弹，保持喷嘴与焊件间距离。在试板的底端引弧，从下向上焊接，两层两道

3．保持焊枪的角度始终在焊件表面垂直线上下 10° 左右，才能保证熔深和焊透

4．第一层采用直线送丝，不作横向摆动。第二层采用三角形送枪法摆动焊接，为了避免铁水下淌，中间位置要稍快；为了避免咬边，在两侧焊趾处要稍作停留

5．收尾采用反复熄弧法，把弧坑填满

安全要求

1．二氧化碳气体保护焊弧光较强，焊前应注意个人防护，穿戴好劳保用品；检查设备各接线处是否有松动现象，焊枪及电缆线是否有破损；防止漏电和接触不良现象

2．焊接过程中注意个人保护及提醒周围同学注意防范

3．二氧化碳气体保护焊会产生烟雾、一氧化碳及金属粉尘，因此要注意保持空气流通

4．焊后焊枪小心轻放，不能用手直接触摸焊件，防止烫伤

5．焊后必须把焊件表面氧化皮和飞溅物清理干净。每天工作完毕清理现场

评　分　表

班级　　　　　　　　　　　　　　　姓名　　　　　　　　　　　　　　年　　月　　日

<table>
<tr><td>考件名称</td><td>二氧化碳气体保护焊 T 形接头钢板垂直立角焊</td><td>考核时间</td><td>30 min</td><td>总分</td><td></td></tr>
<tr><td>项目</td><td>考核技术要求</td><td>配分</td><td colspan="2">评分标准</td><td>得分</td></tr>
<tr><td rowspan="13">焊缝外观质量</td><td>焊脚尺寸（k）$8\leq k\leq 10$ mm</td><td>6</td><td colspan="2">每超差 1 mm 扣 2 分</td><td></td></tr>
<tr><td>焊缝凸度（h'）$0\leq h'\leq 2$ mm</td><td>6</td><td colspan="2">每超差 1 mm 扣 2 分</td><td></td></tr>
<tr><td>两板之间夹角 88°～92°</td><td>6</td><td colspan="2">每超差 1°扣 1 分</td><td></td></tr>
<tr><td>焊脚两边尺寸差≤2 mm</td><td>6</td><td colspan="2">每超差 1 mm 扣 1 分</td><td></td></tr>
<tr><td>焊缝边缘直线度误差≤3 mm</td><td>6</td><td colspan="2">每超差 1 mm 扣 1 分</td><td></td></tr>
<tr><td>咬边缺陷深度 $F\leq 0.5$ mm，累计长度<30 mm</td><td>8</td><td colspan="2">每超差 1 mm 扣 2 分，扣完为止</td><td></td></tr>
<tr><td>无未焊透</td><td>8</td><td colspan="2">每出现一处缺陷扣 2 分</td><td></td></tr>
<tr><td>收尾弧坑填满</td><td>8</td><td colspan="2">未填满不得分</td><td></td></tr>
<tr><td>无未熔合</td><td>8</td><td colspan="2">出现缺陷不得分</td><td></td></tr>
<tr><td>无焊瘤</td><td>6</td><td colspan="2">每出现一处焊瘤扣 2 分</td><td></td></tr>
<tr><td>无气孔</td><td>6</td><td colspan="2">每出现一处气孔扣 2 分</td><td></td></tr>
<tr><td>接头无脱节</td><td>6</td><td colspan="2">每出现一处脱节扣 1 分</td><td></td></tr>
<tr><td>焊缝表面波纹细腻、均匀，成形美观</td><td>10</td><td colspan="2">根据成形酌情扣分</td><td></td></tr>
<tr><td>安全文明生产</td><td>按照国家安全生产法规有关规定考核</td><td>5</td><td colspan="2">1. 劳保用品穿戴不全，扣 2 分
2. 焊接过程中有违反安全操作规程的现象，根据情况扣 2～5 分
3. 焊完后场地清理不干净，工具码放不整齐，扣 3 分</td><td></td></tr>
<tr><td>时限</td><td>焊件必须在考核时间内完成</td><td>5</td><td colspan="2">超时<5 min 扣 2 分
超时 5～10 min 扣 5 分
超时>10 min 不及格</td><td></td></tr>
<tr><td>个人小结</td><td colspan="5"></td></tr>
</table>

课题六　二氧化碳气体保护焊 V 形坡口钢板对接立焊

母材	牌号	Q235A	焊丝	牌号	ER50-6
	规格	300×100×12		规格	ϕ1.2

焊接位置示意图

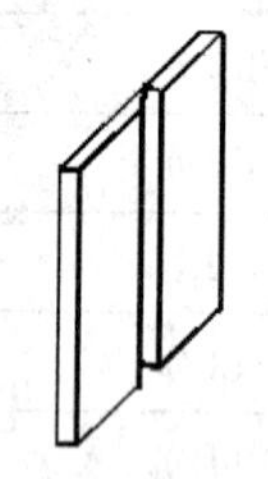

焊接顺序

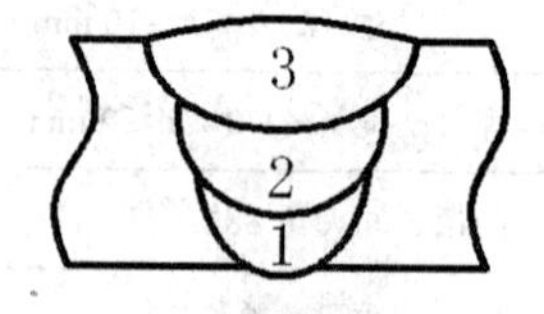

焊前准备

1．坡口制备：采用氧-乙炔火焰加工坡口，坡口面角度为 30°。如上图所示

2．试件清理：将母材距坡口 30 mm 范围内的内外表面油、污物、铁锈等清理干净，使其露出金属光泽

3．试件装配：装配间隙为 2.5～3.0 mm，钝边为 0.5～1 mm，点固焊为两点，位于两端，长度为 10～15 mm，反变形 2°～3°，并做到两面平齐

4．要求：单面焊双面成形

焊层道号	焊接方法	焊丝规格	电流范围/A	电压范围/V	焊接速度/(m/h)	焊丝伸出长度/mm	气体流量/(L/min)	焊接走向
1-1	GMAW	ϕ1.2	90～95	18～20	20～22	10～15	12～15	立向上
2-1	GMAW	ϕ1.2	110～120	20～22	20～22	10～15	12～15	立向上
3-1	GMAW	ϕ1.2	100～110	19～20	20～22	10～15	12～15	立向上

操作要领

1．打底层：调整好打底焊工艺参数后，在试板下端定位焊缝上引弧，使电弧沿焊缝中心作锯齿形横向摆动，当电弧超过定位焊缝并形成熔孔时，转入正常的连弧焊接。焊接时要注意焊缝两侧的停留和控制熔孔的大小，焊枪与下方夹角以 70°～80° 为宜

2．填充层：电流稍大一些，采用间距较大的上凸的月牙形或锯齿形运条方法，焊枪横向摆幅比打底时稍大，电弧到坡口两侧处稍作停顿，保证焊道两侧熔合良好，填充层焊完后应比坡口边缘低 1.5～2 mm

3．盖面层：电流适当小些，焊枪与下方夹角以 85° 为宜，在试件下端引弧自下向上焊接，运条方法和填充层一致，只是摆幅大些，在坡口两侧停留，注意熔池成椭圆形，清晰明亮，大小和形状始终保持一致

4．收尾采用反复熄弧法，把弧坑填满

安全要求

1．二氧化碳气体保护焊弧光较强，焊前应注意个人防护，穿戴好劳保用品；检查设备各接线处是否有松动现象，焊枪及电缆线是否有破损；防止漏电和接触不良现象

2．焊接过程中注意个人保护及提醒周围同学注意防范

3．二氧化碳气体保护焊会产生烟雾、一氧化碳及金属粉尘，因此要注意保持空气流通

4．焊后焊枪小心轻放，不能用手直接触摸焊件，防止烫伤

5．焊后必须把焊件表面氧化皮和飞溅物清理干净。每天工作完毕清理现场

评　分　表

班级　　　　　　　　　　　　姓名　　　　　　　　　　　年　　月　　日

考件名称	二氧化碳气体保护焊V形坡口钢板对接立焊	考核时间	30 min	总分	
项目	考核技术要求	配分	评分标准		得分
焊缝外观质量	正面焊缝余高（h）$0 \leqslant h \leqslant 3$ mm	6	每超差1 mm扣2分		
	背面焊缝余高（h'）$0 \leqslant h' \leqslant 2$ mm	6	每超差1 mm扣2分		
	正面焊缝余高差（h_1）$0 \leqslant h_1 \leqslant 2$ mm	5	每超差1 mm扣1分		
	正面焊缝比坡口每侧增宽1～2 mm	5	每超差1 mm扣1分		
	焊缝宽度差（c_1）$0 \leqslant c_1 \leqslant 2$ mm	5	每超差1 mm扣1分		
	焊缝边缘直线度误差≤3 mm	8	每超差1 mm扣1分		
	焊后角变形（θ）$\theta \leqslant 3°$	8	每超差1°扣2分		
	咬边缺陷深度$F \leqslant 0.5$ mm，累计长度＜30 mm	8	每超差1 mm扣2分，扣完为止		
	无未焊透	6	每出现一处缺陷扣2分		
	无未熔合	5	出现缺陷不得分		
	错边量≤0.5 mm	3	每超差1 mm扣3分		
	无焊瘤	6	每出现一处焊瘤扣2分		
	无气孔	6	每出现一处气孔扣2分		
	接头无脱节	3	每出现一处脱节扣1分		
	焊缝表面波纹细腻、均匀，成形美观	10	根据成形酌情扣分		
安全文明生产	按照国家安全生产法规有关规定考核	5	1．劳保用品穿戴不全，扣2分 2．焊接过程中有违反安全操作规程的现象，根据情况扣2～5分 3．焊完后场地清理不干净，工具码放不整齐，扣3分		
时限	焊件必须在考核时间内完成	5	超时＜5 min扣2分 超时5～10 min扣5分 超时＞10 min不及格		
个人小结					

课题七　二氧化碳气体保护焊 V 形坡口钢板对接横焊

母材	牌号	Q235A	焊丝	型号	ER50-6
	规格	300×100×10		规格	ϕ1.2

焊接位置示意图

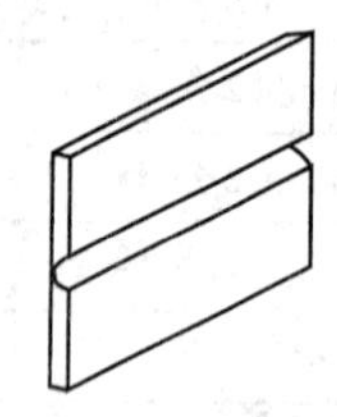

焊接顺序

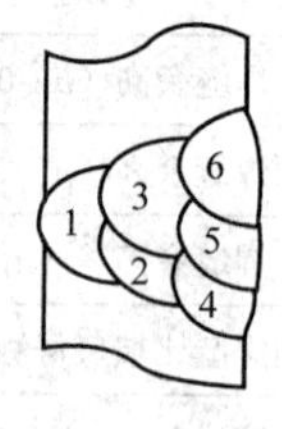

焊前准备

1．坡口制备：采用氧-乙炔火焰加工坡口，坡口面角度为 30°。如上图所示

2．试件清理：将母材距坡口 30 mm 范围内的内外表面油、污物、铁锈等清理干净，使其露出金属光泽

3．试件装配：装配间隙为 2.5～3.0 mm，钝边为 0.5～1 mm，点固焊为两点，位于两端，长度为 10～15 mm，反变形 4°～5°，并做到两面平齐

4．要求：单面焊双面成形

焊层道号	焊接方法	焊丝规格	电流范围/A	电压范围/V	焊接速度/（m/h）	焊丝伸出长度/mm	气体流量/（L/min）	焊接走向
1-1	GMAW	ϕ1.2	90～100	18～20	20～22	12～15	15～20	从右向左
2-2	GMAW	ϕ1.2	110～120	20～22	20～22	12～15	15～20	从右向左
3-3	GMAW	ϕ1.2	100～110	19～20	20～22	12～15	15～20	从右向左

操作要领

1．打底层：调整好打底焊工艺参数后，在试板右端定位焊缝上引弧，使电弧沿焊缝中心作小幅度锯齿形横向摆动，当电弧超过定位焊缝并形成熔孔时，转入正常的连弧焊接。焊接时要注意焊缝两侧的停留和控制熔孔的大小，保持熔孔边缘超过坡口钝边 0.5～1 mm 较合适；焊枪向后夹角以 85°～90° 为宜

2．填充层：电流稍大一些，采用斜圆圈或直线往返运条方法，焊枪摆幅比打底时稍大，焊填充层焊道 2 时，焊枪成 0°～10° 的俯角，电弧以打底焊道的下缘为中心运条摆动，保证下坡口熔合良好；焊填充层焊道 3 时，焊枪成 0°～10° 的仰角，电弧以打底焊道上缘为中心，在焊道 2 和坡口上表面间摆动，保证熔合良好；填充层焊完后应比坡口边缘低 2～2.5 mm

3．盖面层：电流适当小些，焊枪角度、运条方法和填充层一致，在坡口两侧停留，注意控制熔池成椭圆形，清晰明亮，大小和形状始终保持一致

安全要求

1．二氧化碳气体保护焊弧光较强，焊前应注意个人防护，穿戴好劳保用品；检查设备各接线处是否有松动现象，焊枪及电缆线是否有破损；防止漏电和接触不良现象

2．焊接过程中注意个人保护及提醒周围同学注意防范

3．二氧化碳气体保护焊会产生烟雾、一氧化碳及金属粉尘，因此要注意保持空气流通

4．焊后焊枪小心轻放，不能用手直接触摸焊件，防止烫伤

5．焊后必须把焊件表面氧化皮和飞溅物清理干净。每天工作完毕清理现场

评 分 表

班级　　　　　　　　　　　　　　姓名　　　　　　　　　　　　年　　月　　日

考件名称	二氧化碳气体保护焊V形坡口钢板对接横焊	考核时间	30 min	总分
项目	考核技术要求	配分	评分标准	得分
焊缝外观质量	正面焊缝余高（h）$0\leqslant h\leqslant3$ mm	6	每超差1 mm扣2分	
	背面焊缝余高（h'）$0\leqslant h'\leqslant2$ mm	6	每超差1 mm扣2分	
	正面焊缝余高差（h_1）$0\leqslant h_1\leqslant2$ mm	5	每超差1 mm扣1分	
	正面焊缝比坡口每侧增宽1～2 mm	5	每超差1 mm扣1分	
	焊缝宽度差（c_1）$0\leqslant c_1\leqslant2$ mm	5	每超差1 mm扣1分	
	焊缝边缘直线度误差≤3 mm	8	每超差1 mm扣1分	
	焊后角变形（θ）$\theta\leqslant3°$	8	每超差1°扣2分	
	咬边缺陷深度$F\leqslant0.5$ mm，累计长度＜30 mm	8	每超差1 mm扣2分，扣完为止	
	无未焊透	6	每出现一处缺陷扣2分	
	无未熔合	5	出现缺陷不得分	
	错边量≤0.5mm	3	每超差1 mm扣3分	
	无焊瘤	6	每出现一处焊瘤扣2分	
	无气孔	6	每出现一处气孔扣2分	
	接头无脱节	3	每出现一处脱节扣1分	
	焊缝表面波纹细腻、均匀，成形美观	10	根据成形酌情扣分	
安全文明生产	按照国家安全生产法规有关规定考核	5	1. 劳保用品穿戴不全，扣2分 2. 焊接过程中有违反安全操作规程的现象，根据情况扣2～5分 3. 焊完后场地清理不干净，工具码放不整齐，扣3分	
时限	焊件必须在考核时间内完成	5	超时＜5 min扣2分 超时5～10 min扣5分 超时＞10 min不及格	
个人小结				

课题八　二氧化碳气体保护焊水平固定管焊接

母材	牌号	Q235A	焊丝	牌号	H08Mn2SiA
	规格	ϕ108×6×100		规格	ϕ1.2

焊接位置示意图

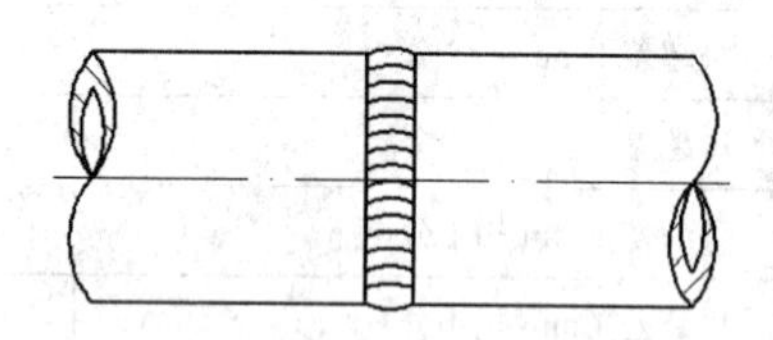

焊接方向与焊枪角度

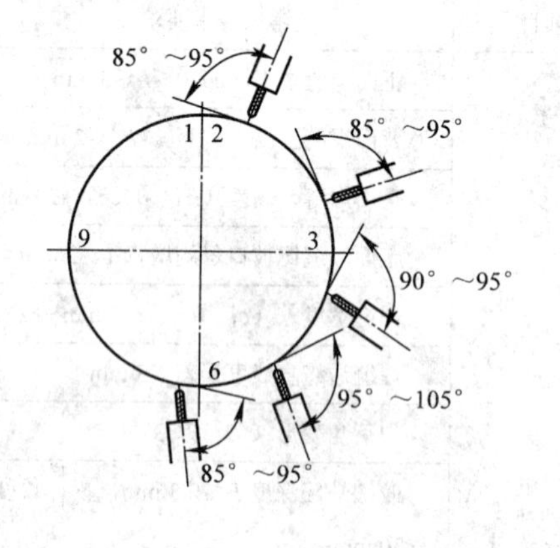

焊前准备

1．试件准备：将管件接口侧内外表面 30 mm 范围内的油污、铁锈等清理干净，使其露出金属光泽。对焊件去毛刺、修正钝边

2．试件装配：装配间隙为 2～2.5 mm，坡口角度 50° ±2° ，钝边 0.5～1 mm。管子的轴线应对齐。两轴线偏差小于 0.5 mm；采用两点定位，固定焊法进行点固焊，定位焊缝要求焊透，反面成形良好。装配好的管子必须保证同轴度

3．技术要求：单面焊双面成形，根部焊透且不烧穿，外观成形良好，致密性好

焊层道号	焊接方法	焊丝规格	接头数量	电流范围/A	电压范围/V	焊丝伸出长度/mm	气体流量/（L/min）	电源极性	焊接走向
1-1	GMAW	ϕ1.2	2	90～100	18～19	10～15	15～20	反接	两半圆周
2-1	GMAW	ϕ1.2	2	100～120	19～20	10～15	15～20	反接	两半圆周

操作要领

1．打底层：采用分两半圈焊接，自下而上单面焊双面成形，焊枪倾斜角度如上图所示。在 6 点过约 10 mm 处引弧开始焊接，焊枪作小幅度锯齿形摆动，焊丝摆动到两侧稍作停留。为了避免穿丝和未焊透，焊丝不能离开熔池，焊丝宜在熔池前半区域约 1/3 处横向摆动，逐渐上升。要控制熔孔尺寸均匀，又要避免熔池脱节现象，焊至 12 点处相当于平焊收弧。焊后半圈前，先将 6 点和 12 点处焊缝始末端磨成斜坡状，长度 10～20 mm。在打磨区域中过 6 点处引弧，焊接到打磨区极限位置时听到“噗”的击穿声后，即背面成形良好，接着像焊前半圈一样焊接后半圈，直到焊至距 12 点 10 mm 时，焊丝改用直线形或极小幅度锯齿形摆动。焊过打磨区域收弧

2．盖面层：焊丝应作锯齿形或月牙形摆动，摆动幅度要参照坡口宽度，并在两侧稍作停留，中间略快摆动焊枪，防止咬边，力求焊缝外观美观

安全要求

1．二氧化碳气体保护焊弧光较强，飞溅大，焊前应注意个人防护，穿戴好劳保用品；检查设备各接线处是否有松动现象，焊枪及电缆线是否有破损；防止漏电和接触不良现象

2．焊接过程中注意个人保护及提醒周围同学注意防范

3．二氧化碳气体保护焊会产生烟雾、一氧化碳及金属粉尘，因此要注意保持空气流通

4．焊后焊枪小心轻放，不能用手直接触摸焊件，防止烫伤

5．焊后必须把焊件表面氧化皮和飞溅物清理干净。每天工作完毕清理现场

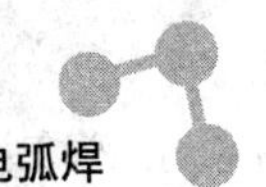

评 分 表

班级　　　　　　　　　　　　　　姓名　　　　　　　　　　　　年　　月　　日

考件名称	二氧化碳气体保护焊水平固定管焊接	考核时间	30 min	总分	
项目	考核技术要求	配分	评分标准		得分
焊缝外观质量	正面焊缝余高（h）$0 \leqslant h \leqslant 3$ mm	6	每超差 1 mm 扣 2 分		
	背面焊缝余高（h'）$0 \leqslant h' \leqslant 2$ mm	6	每超差 1 mm 扣 2 分		
	正面焊缝余高差（h_1）$0 \leqslant h_1 \leqslant 2$ mm	5	每超差 1 mm 扣 1 分		
	正面焊缝比坡口每侧增宽 1～2 mm	8	每超差 1 mm 扣 1 分		
	焊缝宽度差（c_1）$0 \leqslant c_1 \leqslant 2$ mm	8	每超差 1 mm 扣 1 分		
	焊缝边缘直线度误差≤3 mm	8	每超差 1 mm 扣 1 分		
	咬边缺陷深度 $F \leqslant 0.5$ mm，累计长度 <30 mm	8	每超差 1 mm 扣 2 分，扣完为止		
	无未焊透	6	每出现一处缺陷扣 2 分		
	无未熔合	5	出现缺陷不得分		
	错边量≤0.5 mm	3	每超差 1 mm 扣 3 分		
	无焊瘤	6	每出现一处焊瘤扣 2 分		
	无气孔	6	每出现一处气孔扣 2 分		
	接头无脱节	5	每出现一处脱节扣 1 分		
	焊缝表面波纹细腻、均匀，成形美观	10	根据成形酌情扣分		
安全文明生产	按照国家安全生产法规有关规定考核	5	1. 劳保用品穿戴不全，扣 2 分 2. 焊接过程中有违反安全操作规程的现象，根据情况扣 2～5 分 3. 焊完后场地清理不干净，工具码放不整齐，扣 3 分		
时限	焊件必须在考核时间内完成	5	超时 <5 min 扣 2 分 超时 5～10 min 扣 5 分 超时 >10 min 不及格		
个人小结					

课题九 二氧化碳气体保护焊垂直固定管焊接

母材			焊丝		
母材	牌号	Q235A	焊丝	牌号	H08Mn2SiA
	规格	ϕ108×6×100		规格	ϕ1.2

焊接位置示意图

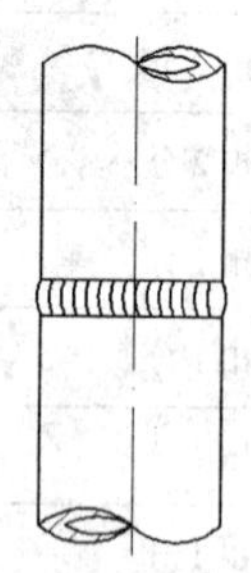

焊接方向与焊枪角度

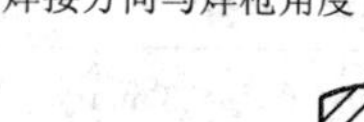

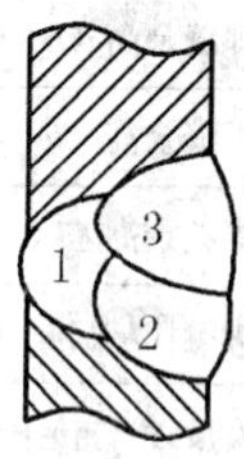

焊前准备

1．试件准备：将管件接口侧内外表面 30 mm 范围内的油污、铁锈等清理干净，使其露出金属光泽。对焊件去毛刺、修正钝边

2．试件装配：装配间隙为 2～2.5 mm，坡口角度 50° ±2° ，钝边 0.5～1 mm。管子的轴线应对齐，两轴线偏差小于 0.5 mm；采用两点固定焊法进行点固焊，定位焊缝要求焊透，反面成形良好。装配好的管子必须保证同轴度

3．技术要求：单面焊双面成形，根部焊透且不烧穿，外观成形良好，致密性好

焊层道号	焊接方法	焊丝规格	接头数量	电流范围/A	电压范围/V	焊丝伸出长度/mm	气体流量/（L/min）	电源极性	焊接走向
1-1	GMAW	ϕ1.2	2	90～100	18～19	10～15	15～20	反接	圆周
2-2	GMAW	ϕ1.2	2	120～140	20～21	10～15	15～20	反接	圆周

操作要领

1．打底层：采用左向沿圆周焊法，在坡口内引燃电弧，当坡口底部形成熔孔后，开始向左焊接。焊枪作小幅度锯齿形横向摆动，连续向左移动。要时刻控制熔孔的大小，要求熔孔直径一直保持比间隙大 1～2 mm，通过调整焊枪角度、摆动幅度和焊接速度，尽可能地维持熔孔直径不变

2．盖面层：分为下、上两道进行焊接，焊接时由下至上进行施焊，焊枪角度与焊缝夹角 80° 为宜，第一道与下方夹角为 85° ，第二道与下方夹角为 80° 。焊枪摆动幅度要一致，速度均匀。每条焊道要压住前一焊道约 2/3。焊接焊道 2 时，特别要注意坡口下侧的熔化情况，保证坡口下边缘均匀地熔化，避免咬边和未熔合。焊接焊道 3 时，特别要注意调整焊枪角度和焊接速度，保证坡口上边缘均匀地熔化，避免铁水下淌而产生咬边

安全要求

1．二氧化碳气体保护焊弧光较强，焊前应注意个人防护，穿戴好劳保用品；检查设备各接线处是否有松动现象，焊枪及电缆线是否有破损；防止漏电和接触不良现象

2．焊接过程中注意个人保护及提醒周围同学注意防范

3．二氧化碳气体保护焊会产生烟雾、一氧化碳及金属粉尘，因此要注意保持空气流通

4．焊后焊枪小心轻放，不能用手直接触摸焊件，防止烫伤

5．焊后必须把焊件表面氧化皮和飞溅物清理干净。每天工作完毕清理现场

评　分　表

班级　　　　　　　　　　　　姓名　　　　　　　　　年　　月　　日

考件名称	二氧化碳气体保护焊垂直固定管焊接	考核时间	30 min	总分	
项目	考核技术要求	配分	评分标准		得分
焊缝外观质量	正面焊缝余高（h）$0 \leqslant h \leqslant 3$ mm	8	每超差 1 mm 扣 2 分		
	背面焊缝余高（h'）$0 \leqslant h' \leqslant 3$ mm	8	每超差 1 mm 扣 2 分		
	正面焊缝余高差（h_1）$0 \leqslant h_1 \leqslant 3$ mm	8	每超差 1 mm 扣 1 分		
	正面焊缝比坡口每侧增宽 1～2 mm	8	每超差 1 mm 扣 1 分		
	焊缝宽度差（c_1）$0 \leqslant c_1 \leqslant 3$ mm	8	每超差 1 mm 扣 1 分		
	咬边缺陷深度 $F \leqslant 0.5$ mm，累计长度＜26 mm	8	每超差 1 mm 扣 2 分，扣完为止		
	无未焊透	6	每出现一处缺陷扣 2 分		
	无未熔合	6	出现缺陷不得分		
	错边量≤0.5 mm	3	每超差 1 mm 扣 3 分		
	无焊瘤	6	每出现一处焊瘤扣 2 分		
	无气孔	6	每出现一处气孔扣 2 分		
	接头无脱节	5	每出现一处脱节扣 1 分		
	焊缝表面波纹细腻、均匀，成形美观	10	根据成形酌情扣分		
安全文明生产	按照国家安全生产法规有关规定考核	5	1．劳保用品穿戴不全，扣 2 分 2．焊接过程中有违反安全操作规程的现象，根据情况扣 2～5 分 3．焊完后场地清理不干净，工具码放不整齐，扣 3 分		
时限	焊件必须在考核时间内完成	5	超时＜5 min 扣 2 分 超时 5～10 min 扣 5 分 超时＞10 min 不及格		
个人小结					

第三章 钨极氩弧焊

第一节 钨极氩弧焊概述

一、钨极氩弧焊的原理

钨极氩弧（TIG）焊焊接时保护气体从焊枪的喷嘴中连续喷出，在电弧周围形成气体保护层隔绝空气，可以防止其对钨极、熔池及热影响区的有害影响，从而为形成优质焊接接头提供了保障。其示意图如图 3-1 所示。

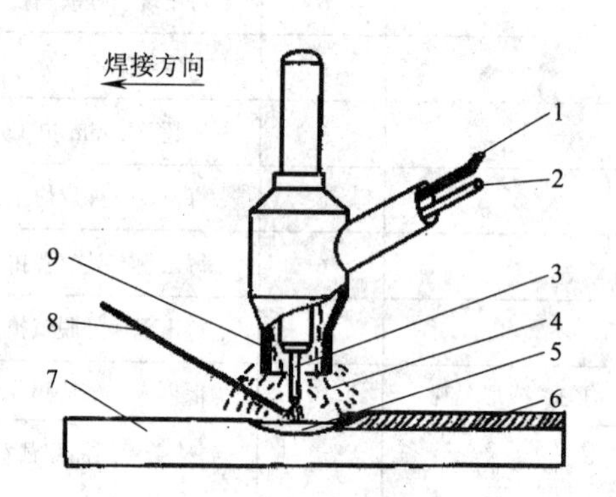

图 3-1 钨极氩弧焊示意图

1—电缆；2—保护气导管；3—钨极；4—保护气体；
5—熔池；6—焊缝；7—焊件；8—填充焊丝；9—喷嘴

二、钨极氩弧焊的分类

TIG 焊按操作方式分为手工焊和自动焊两种。

手工 TIG 焊焊接时焊丝的填加和焊枪的运动完全是靠手工操作来完成的，而自动 TIG 的焊枪运动和焊丝填充都是由机电系统设计程序自动完成的。在实际生产中，手工 TIG 焊应用最广泛。这里主要讲述的是手工 TIG 焊。

三、钨极氩弧焊的特点

1．优点

（1）能焊接除熔点非常低的铅、锡以外的绝大多数金属和合金。

（2）能焊接化学活泼性强和形成高熔点氧化膜的铝、镁及其合金。

（3）免去焊后去渣工序。

（4）无飞溅。

（5）某些场合可不加填充金属。

（6）能进行全位置焊接。

（7）能进行脉冲焊接，减少热输入。

（8）能焊接薄板。

（9）明弧，能观察到电弧及熔池。

（10）填充金属的填加量不受焊接电流影响。

2. 缺点

（1）焊接速度低。

（2）熔敷率小。

（3）需要采取防风措施。

（4）焊缝金属易受钨的污染。

（5）消耗氩气，成本较高。

四、钨极氩弧焊的应用

从被焊材质来看，TIG 焊几乎可以焊接所有的金属及合金。但从经济性及生产率考虑，TIG 焊主要用于焊接不锈钢、高温合金和铝、镁、铜、钛等金属及其合金以及难熔金属（如锆、钼、铌）与异种金属。

对于低熔点和易蒸发金属（如铅、锡、锌等），难以用 TIG 焊焊接。因为它们的熔点远低于电弧温度，所以难以控制焊接过程，加上锌的蒸气压高、沸点低，焊接时的剧烈蒸发将导致焊缝质量变劣。镀有铅、锡、锌、铝等低熔点金属的碳钢，在焊接时由于涂层金属熔化会产生中间合金，降低接头的性能，所以需要采取特殊的焊接工艺措施，例如焊前去掉涂层金属，焊后再涂覆等。

从 TIG 焊所焊板材的厚度来看，由于受承载能力的限制，其能够焊接的最大板厚约为 6 mm。一般只适用于焊接薄件，其可以焊接的最小板厚为 0.1 mm。

TIG 焊适合于全位置焊。一般地说，手工 TIG 焊适宜于焊接形状复杂的焊件、难以接近的部位或间断短焊缝，自动 TIG 焊适合于焊接规则的长焊缝，如纵缝、环缝或曲线焊缝。

五、钨极氩弧焊设备的组成

手工钨极氩弧焊设备由焊接电源、控制系统、焊枪、供气系统和冷却系统等部分组成。

1. 焊接电源

钨极氩弧焊要求采用具有陡降外特性的焊接电源，有直流电源和交流电源两种。常用的直流钨极氩弧焊机有 WS-250 型、WS-400 型等，交流钨极氩弧焊机有 WSJ-150 型、WSJ-500 型等，交直流钨极氩弧焊机有 WSE-150 型、WSE-400 型等。

2. 控制系统

控制系统通过控制线路对供电、供气与稳弧等各个阶段的动作进行控制。

3．焊枪

焊枪是装夹钨极、传导焊接电流、输出氩气流和启动或停止焊机的工作系统。焊枪分为大、中、小三种，按冷却方式又可分为气冷式和水冷式。当所用焊接电流小于 150 A 时，可选择气冷式焊枪；焊接电流大于 150 A 时，必须采用水冷式焊枪。

4．供气系统

供气系统由氩气瓶、电磁气阀及氩气流量调节器组成。

（1）氩气瓶：外表涂灰色，并用绿漆标以“氩气”字样。氩气瓶最大压力为 15 MPa，容积为 40 L。

（2）电磁气阀：是开闭气路的装置，由延时继电器控制，可起到提前供气和滞后停气的作用。

（3）氩气流量调节器：起降压和稳压及调节氩气流量的作用。

5．冷却系统

冷却系统用来冷却焊接电缆、焊枪和钨极。如果焊接电流小于 150 A，可以不用水冷却。焊接电流超过 150 A 时，必须通水冷却，并以水压开关控制。

六、钨极氩弧焊焊机的维护

（1）焊机应按外部接线图正确安装，并应检查铭牌电压值与网路电压值是否相符，不相符时严禁使用。

（2）焊接设备在使用前，必须检查水、气管的连接是否良好，以保证焊接时正常供水、气。

（3）焊机外壳必须接地，未接地或地线不合格时不准使用。

（4）应定期检查焊枪的钨极夹头夹紧情况和喷嘴的绝缘性能是否良好。

（5）氩气瓶不能与焊接场地靠近，同时必须固定，防止摔倒。

（6）工作完毕或临时离开工作场地，必须切断焊机电源、关闭水源及气瓶阀门。

（7）必须建立健全焊机一、二级设备保养制度并定期进行保养。

（8）焊工工作前，应看懂焊接设备使用说书，掌握焊接设备一般构造和正确的使用方法。

七、钨极氩弧焊焊机的故障排除

钨极氩弧焊焊机常见故障有水、气路堵塞或泄漏；钨极不洁引不起电弧；焊枪钨极夹头未旋紧，引起电流不稳；焊枪开关接触不良使焊接设备不能启动等。这些应由焊工排除。另一部分故障如焊接设备内部电子元件损坏或其他机械故障，焊工不能随便自行拆修，应由电工、钳工进行检修。钨极氩弧焊焊机常见故障和消除方法见表 3-1。

表 3-1　钨极氩弧焊焊机常见故障和消除方法

故障特征	可能产生原因	消除方法
电源开关接通，指示灯不亮	1．开关损坏 2．熔断器烧断 3．控制变压器损坏 4．指示灯损坏	1．更换开关 2．更换熔断器 3．修复 4．换新的指示灯

续表

故障特征	可能产生原因	消除方法
控制线路有电但焊机不能启动	1. 枪的开关接触不良 2. 继电器出故障 3. 控制变压器损坏	1. 检修① 2. 检修 3. 检修
焊机启动后，振荡器放电但引不起电弧	1. 网路电压太低 2. 接地线太长 3. 焊件接触不良 4. 无气、钨极及焊件表面不洁、间距不合适、钨极太钝等 5. 火花塞间隙不合适 6. 火花头表面不洁	1. 提高网路电压 2. 缩短接地线 3. 清理焊件 4. 检查气、钨极等是否符合要求 5. 调火花塞的间隙 6. 清洁火花头表面
焊机启动后，无氩气输送	1. 按钮开关接触不良 2. 电磁气阀出现故障 3. 气路不通 4. 控制线路故障 5. 气体延时线路故障	1. 清理触头 2. 检修 3. 检修 4. 检修 5. 检修
电弧引燃后，焊接过程中电弧不稳	1. 脉冲稳弧器不工作，指示灯不亮 2. 消除直流分量的元件故障 3. 焊接电源的故障	1. 检修 2. 检修或更换 3. 检修

① 若冷却方式选择开关置于气冷位置时，焊机能正常工作，而置于水冷时则不能（且水流量又大于 1 L/min 时），处理的方法是打开控制箱底板，检查水流开关的微动是否正常。必要时可进行位置调整

八、钨极的材料、形状和尺寸

钨极氩弧焊电极的作用是导通电流、引燃电弧并维持电弧稳定燃烧。由于焊接过程中要求电极不熔化，因此电极必须具有高的熔点。

钨极作为氩弧焊的电极，对它的基本要求是：保证引弧性能好，焊接过程稳定，发射电子能力强（电极具有较低的逸出功），耐高温而不易熔化烧损，有较大的许用电流、较小的引燃电压。

钨极是钨极氩弧焊焊枪中的易耗材料。钨具有高熔点（3 410 ℃）和沸点（5 900 ℃）、强度高（可达 850～1 100 MPa）、热导率小和高温挥发性小、在高温时有强烈电子发射能力等特点，是目前最适合的一种作为不熔化电极的材料。

用于钨极氩弧焊电极的钨纯度约 99.5%，在钨中加入微量逸出功较小的稀土元素，如钍（Th）、铈（Ce）、锆（Zr）等，或它们的氧化物，如 ThO_2、CeO 等，能显著提高电子发射能力，既易于引弧和稳弧，又可提高其电流的承载能力。钨极的电子逸出功为 4.54eV，铈钨极的电子逸出功为 2.4eV，钍钨极为 2.7eV。

钨极氩弧焊使用的电极材料有纯钨极、铈钨极及钍钨极，熔点均在 3 400 ℃以上，且逸出功较低，因此具有较强的电子发射能力。钨极应采用专用的硬磨料精磨砂轮磨削，应保持

钨极几何形状的均一性。在磨削钍、铈钨极时，应采用密封式或抽风式砂轮磨削。磨削完毕，操作者应洗净手脸。钨极的规格有 0.5 mm、1.0 mm、1.6 mm、2.0 mm、2.5 mm、3.2 mm、4.0 mm、5.0 mm、6.3 mm、8.0 mm、10.0 mm 等几种，供货长度通常为 76～610 mm。

九、氩气

氩气是一种无色无味的单原子惰性气体，密度为空气的 1.4 倍，能够很好地覆盖在熔池及电弧的上方，形成良好的保护。氩气几乎不与任何金属产生化学反应，也不溶于金属中。同时，氩气电离后产生的正离子质量大，动能也大，对阴极斑点的冲击力大，具有很强的阴极雾化作用，特别适合于焊接活泼金属。氩气具有较低的热导率，对电弧的冷却作用较小，因此电弧稳定性好，电弧电压较低。

焊接过程中通常使用瓶装氩气。氩气瓶的容积为 40 L，外面涂成灰色，用绿色漆标以“氩气”二字，满瓶时的压力为 15 MPa。氩气的纯度要求与被焊材料有关。我国生产的焊接用氩气有 99.99%及 99.999%两种纯度，均能满足各种材料的焊接要求。

十、焊丝

1．焊丝的作用

手工操作钨极氩弧焊时，焊丝使填充金属与熔化的母材混合形成焊缝；熔化钨极氩弧焊时，焊丝除上述作用外，还起传导电流、引弧和维持电弧燃烧的作用。

2．对焊丝的要求

（1）焊丝的化学成分应与母材的性能相匹配，而且要严格控制其化学成分、纯度和质量。

（2）为了补偿电弧过程中化学成分的损失，焊丝的主要合金成分应比母材稍高。

（3）焊丝应符合国家标准并有制造厂的质量合格证书。

（4）手工钨极氩弧焊用焊丝，一般为每根长 500～1 000 mm 的直丝；机械化焊接采用轴绕式或盘绕式的成盘焊丝。

（5）焊丝直径范围为 0.4 mm（细小而精密的焊件用）至 9 mm（大电流手工焊或表面堆焊用）。

3．焊丝的分类

氩弧焊用焊丝主要分为钢焊丝和有色金属焊丝两大类。

（1）钢焊丝氩弧焊应尽量选用专用焊丝，以减少主要化学成分的变化，保证焊缝一定的力学性能和熔池液态金属的流动性，获得良好的焊缝成形，避免产生裂纹等缺陷。

（2）有色金属焊丝焊接铜、铝、镁、钛及其合金时，一般均采用与母材相当的填充金属作为氩弧焊丝。如一时找不到合适的焊丝，可用与母材成分相同的薄板剪成小条当焊丝用。

4．焊丝牌号的编制方法

1）碳素钢和合金结构钢焊丝

（1）牌号前的字母 H 表示焊接用钢丝。

（2）紧跟着的两位数字表示其含碳量，单位是万分之一。如“08”表示该焊丝的平均含碳量为0.08%左右。

（3）焊丝中化学元素采用化学符号表示，如Si、Mn、Cr等。稀土元素用RE表示。

（4）焊丝主要合金元素，除个别微量合金元素外，均以百分之几表示，若平均含量小于1.5%，钢丝牌号中一般只标元素符号不标含量。

（5）高级优质焊丝在牌号最后加A，特级优质焊丝在牌号最后加E。

2）不锈钢焊丝

（1）焊丝中含碳量以千分之几表示，如“H1Cr17”焊丝的平均含碳量为0.1%。

（2）焊丝中含碳量不大于0.03%或不大于0.08%时，H后分别以00或0表示超低碳或低碳不锈钢焊丝，如H00Cr19Ni12M02、H0Cr20Ni107等。

（3）其余各项表示方法同优质碳素钢和合金结构钢焊丝。

5．使用焊丝的注意事项

使用焊丝时应注意以下事项。

（1）氩弧焊所用的焊丝应符合国家标准规定。例如：焊接碳钢与低合金钢用锰、硅合金化的焊丝应符合GB 1300—77《焊接用钢丝》的规定；焊接不锈钢的焊丝用钛来控制气孔，用锰、铌或其组合来控制裂纹应符合YB/T 5092—2005《焊接用不锈钢丝》的规定；焊接铜及铜合金的焊丝应符合GB 9460—88《铜及铜合金焊丝》的规定；焊接铝及铝合金的焊丝应符合GB 10858—2008《铝及铝合金焊丝》的规定。

（2）氩弧焊所用的焊丝应与母材的化学成分相近。不过从耐蚀性、强度及表面形状考虑，焊丝的成分也可与母材不同。异种母材（奥氏体与非奥氏体）焊接时所选用的焊丝，应考虑焊接接头的抗裂性和碳扩散等因素。如异种母材的组织接近，仅强度级别有差异，则选用的焊丝合金含量应介于两者之间，当有一侧为奥氏体不锈钢时，可选用含镍量较高的不锈钢焊丝。

（3）焊丝应有制造厂的质量合格证书。对无合格证书或对其质量有怀疑时，应按批（或盘）进行检验，特别是非标准生产出来的专用焊丝，须经焊接工艺性能评定合格后方可投入使用。

（4）氩弧焊丝在使用前应采用机械方法或化学方法清除其表面的油脂、锈蚀等杂质，并使之露出金属光泽。

6．保管焊丝的注意事项

（1）分类存放。焊丝应按类别、规格存放在清洁、干燥的仓库内，并有专人保管。

（2）凭证领用。焊工领用焊丝时，应凭所焊产品的领用单，以免牌号和规格用错。焊工领用焊丝后应及时使用，如放置时间较长，应重新清洗干净才能使用。

十一、钨级氩弧焊焊接参数的选择

手工钨极氩弧焊的主要焊接参数有钨极直径、焊接电流、电弧电压、焊接速度、电源种类、钨极的伸出长度、喷嘴直径、喷嘴与焊件间的距离及氩气流量等。

1．焊接电流与钨极直径

通常根据焊件的材质、厚度和接头的空间位置来选择焊接电流。

焊接电流增加时，熔深增大，焊缝宽度与余高稍增加，但增加得很少。

手工钨极氩弧焊用钨极的直径是一个比较重要的参数，因为钨极的直径决定了焊枪的结构尺寸、重量和冷却形式，直接影响操作者的劳动条件和焊接质量。必须根据焊接电流选择合适的钨极直径。

如果钨极较粗，焊接电流很小，由于电流密度低，钨极端部的温度不够，电弧会在钨极端部不规则地飘移，电弧很不稳定，破坏保护区，熔池容易被氧化。

当焊接电流超过了相应的许用电流时，由于电流密度太大，钨极端部温度达到或超过钨极的熔点时，可看到钨极端部出现熔化现象，端部很亮。当焊接电流继续增大时，熔化了的钨极在端部形成一个小尖状突起，逐渐变大形成熔滴，电弧随熔滴尖端飘移，很不稳定，这不仅破坏了氩气保护区，使熔池被氧化，焊缝成形不好，而且熔化的钨落入熔池后将产生夹钨缺陷。

同一直径的钨极，在不同的电源和极性条件下，允许使用的电流范围不同。相同直径的钨极，直流正接时许用的电流最大，直流反接时许用的电流最小，交流时许用电流介于二者之间。当电流种类和大小变化时，为了保持电弧稳定，应将钨极端部磨成不同形状，如图 3-2 所示。

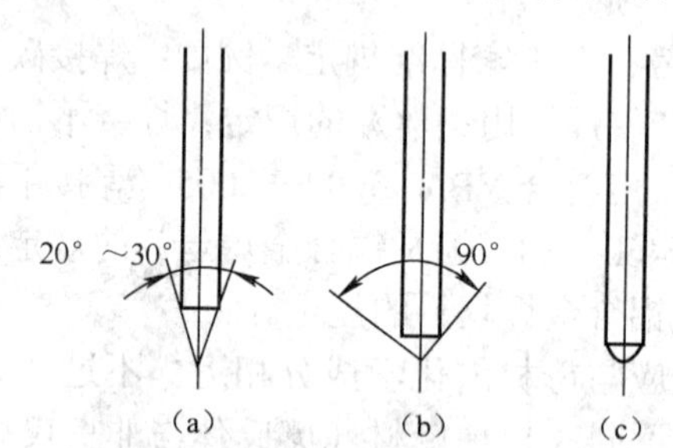

图 3-2　常用钨极端部的形状
（a）小电流　（b）大电流　（c）交流

2．电弧电压

电弧电压主要是由弧长决定的，弧长增加，焊缝宽度增加，熔深稍减小。但电弧太长时，容易引起未焊透及咬边，而且保护效果也不好。同时电弧也不能太短，电弧太短时，很难看清熔池，而且送丝时也容易碰到钨极引起短路，使钨极受到污染，加大钨极烧损，还容易夹钨。故通常使弧长近似等于钨极直径。

3．焊接速度

焊接速度增加时，熔深和熔宽均减小。焊接速度太快时，容易产生未焊透，焊缝高而窄，两侧熔合不好；焊接速度太慢时，焊缝很宽，还可能产生焊漏、烧穿等缺陷。

手工操作钨极氩弧焊时，通常都是操作者根据熔池的大小、熔池的形状和两侧熔合情况随时调整焊接速度。

选择焊接速度时，应考虑以下因素。

（1）在焊接铝及铝合金、高导热性金属时，为减小焊接变形，应采用较快的焊接速度。

（2）在焊接有裂纹倾向的金属时，不能采用高速焊接。

（3）在非平焊位置焊接时，为保证较小的熔池，避免液态金属的流失，尽量选择较快的焊速。

4．焊接电源的种类和极性的选择

氩弧焊采用的电源种类和极性选择与所焊金属及其合金种类有关。有些金属只能用直流正极性或反极性焊接，有些交直流都可以使用，因而需根据不同材料选择电源和极性。见表 3-2。

表 3-2　焊接电源的种类和极性的选择

电源种类与极性	被焊金属材料
直流正极性	低合金高强钢，不锈钢，耐热钢，铜、钛及其合金
直流反极性	适用各种金属的氩弧焊
交流电源	铝、镁及其合金

直流正极性时，焊件接正极，温度较高，适用于焊厚焊件及散热快的金属；采用交流电源焊接时，具有阴极破碎作用，即焊件为负极，因受到正离子的轰击，焊件表面的氧化膜破裂，使液态金属容易熔合在一起，通常都用来焊接铝、镁及其合金。

5．喷嘴的直径与氩气的流量

1）喷嘴的直径

喷嘴直径（指内径）越大，保护区范围越大，要求保护气的流量也越大。可按下式选择喷嘴直径

$$D=(2.5\sim3.5)\ d_{\mathrm{w}}$$

式中　D——喷嘴直径，mm；

d_{w}——钨极直径，mm。

通常焊枪选定以后，喷嘴直径很少能改变，因此实际生产中并不把它当作独立的工艺参数来选择。

2）氩气的流量

当喷嘴直径确定以后，决定保护效果的是氩气流量。氩气流量太小时，保护气流软弱无力，保护效果不好；氩气流量太大时，容易产生紊流，保护效果也不好；只有保护气流合适时，喷出的气流是层流，保护效果好。可按下式计算氩气的流量

$$Q=(0.8\sim1.2)\ D$$

式中　Q——氩气流量，L/min；

D——喷嘴直径，mm。

实际工作中，通常根据试焊来选择流量，流量合适时，熔池平稳，表面明亮没有渣，焊缝外形美观，表面没有氧化痕迹；若流量不合适时，熔池表面上有渣，焊缝表面发黑或有氧化皮。

选择氩气流量时还要考虑以下因素。

（1）外界气流和焊接速度的影响。焊接速度越大，保护气流遇到的空气阻力越大，它使保护气体偏向运动的反方向；若焊接速度过大，将失去保护作用。因此，在增加焊接速度的同时应相应地增加气体的流量。

在有风的地方焊接时，应适当增加氩气流量。最好在避风的地方焊接。

（2）焊接接头形式的影响。对接接头和 I 形接头焊接时具有良好的保护效果，焊接这类焊件时不必采取其他工艺措施；而进行 T 形接头焊接时保护效果最差，在焊接这类接头时，除增加氩气流量外，还应加挡板。

6．钨极伸出长度

为了防止电弧烧坏喷嘴，钨极端部应突出在喷嘴以外。钨极端头至喷嘴端面的距离叫

钨极伸出长度。钨极伸出长度越小，喷嘴与焊件间距离越近，保护效果越好，但过近会妨碍观察熔池。通常焊对接焊缝时，钨极伸出长度为5～6 mm较好；焊角焊缝时，钨极伸出长度为7～8 mm较好。

7. 喷嘴与焊件间的距离

喷嘴与焊件间的距离是指喷嘴端面和焊件间的距离。这个距离越小，保护效果越好，但能观察的范围和保护区都小；距离越大，保护效果越差。

8. 焊丝直径的选择

根据焊接电流的大小选择焊丝直径，表3-3给出了它们之间的关系。

表3-3 焊丝直径的选择

焊接电流/A	10～20	20～50	50～100	100～200	200～300	300～400	400～500
焊丝直径/mm	≤1.0	1.0～1.6	1.0～2.4	1.6～3.0	2.4～4.5	3.0～6.0	4.5～8.0

9. 左向焊与右向焊

左向焊与右向焊如图3-3所示。

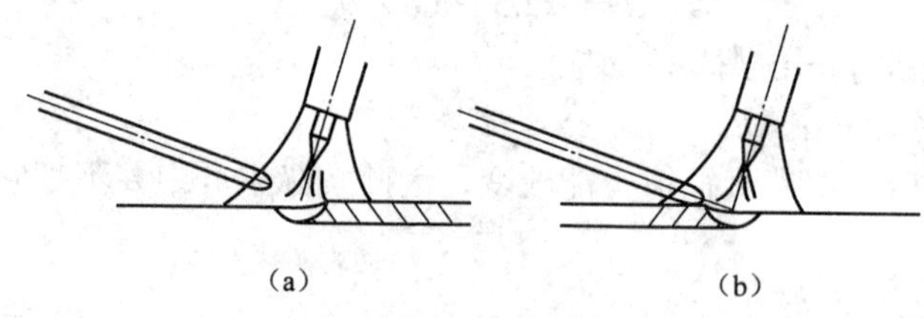

图3-3 左向焊与右向焊
(a) 左向焊 (b) 右向焊

在焊接过程中，焊丝与焊枪由右端向左端移动，焊接电弧指向未焊部分，焊丝位于电弧运动的前方，称为左向焊法。如在焊接过程中，焊丝与焊枪由左端向右端施焊，焊接电弧指向已焊部分，填充焊丝位于电弧运动的后方，则称为右向焊法。

1）左向焊法的优缺点

Ⅰ. 优点

（1）操作者的视野不受阻碍，便于观察和控制熔池情况。

（2）焊接电弧指向未焊部分，既可对未焊部分起预热作用，又能减小熔深，有利于焊接薄件，特别是管子对接时的根部打底焊和焊易熔金属。

（3）操作简单方便，初学者容易掌握。

Ⅱ. 缺点

焊大焊件，特别是多层焊时，热量利用率低，因而影响提高熔敷效率。

2）右向焊法的优缺点

Ⅰ. 优点

（1）由于右向焊法焊接电弧指向已凝固的焊缝金属，使熔池冷却缓慢，有利于改善焊缝金属组织，减少气孔、夹渣的可能性。

（2）由于电弧指向焊缝金属，因而提高了热利用率，在相同线能量时，右向焊法比左向焊法熔深大，故特别适合于焊接厚度较大、熔点较高的焊件。

Ⅱ．缺点

（1）由于焊丝在熔池运动的后方，影响操作者的视线，不利于观察和控制熔池。

（2）无法在管道（特别是小直径管）上焊接。

（3）较难掌握，焊工一般不喜欢用。

十二、钨极氩弧焊的焊前准备

1．接头及坡口形式

接头和坡口形式一般是根据被焊材料、板厚及工艺要求等来确定。TIG 焊常采用的接头形式有对接、搭接、角接、T 形接和端接五种，如图 3-4 所示。

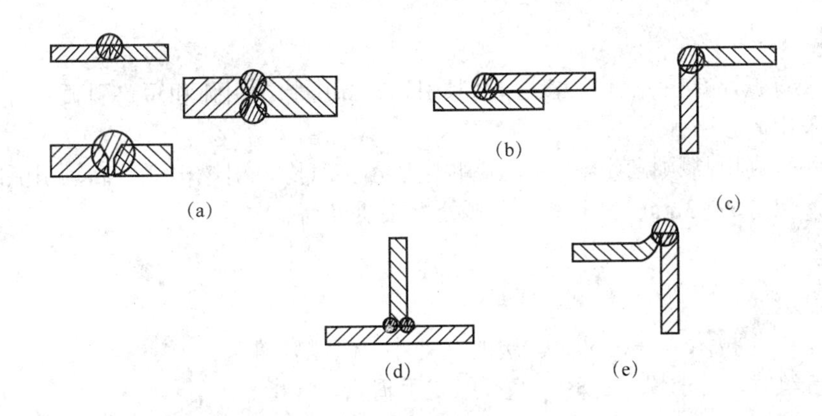

图 3-4　TIG 焊五种基本接头形式

（a）对接　（b）搭接　（c）角接　（d）T 形接　（e）端接

2．焊前清理

因为 TIG 焊采用惰性气体保护，而惰性气体既无氧化性，也无还原性，因此焊接时对油污、水分、氧化皮等比较敏感。这样，焊前必须对焊丝、焊件坡口及坡口两侧至少 20 mm 范围内的油污、水分等进行彻底清理。如果使用工艺垫板，也应该进行清理。这是保证焊缝质量的前提条件。对于不同去除物，清理方法也不相同。常用的清理方法如下。

（1）清除油污可用汽油、丙酮等有机溶剂浸泡和擦洗焊件与焊丝表面。也可用自配溶剂去除油污，如用 Na_3PO_4、Na_2CO_3 各 50 g，Na_2SiO_2 30 g，加入 1 L 水，并加热到 65 ℃，清洗 5～8 min，然后用 30 ℃清水冲洗，最后用流动的清水冲净，擦干或烘干。

（2）去除氧化膜可用机械法或化学法。

机械法：此法简单方便，但效率低，一般只用于焊件。它包括机械加工、磨削及抛光等方法。对不锈钢等可用砂布打磨或抛光法；铝及铝合金材质比较软，常用细钢丝刷（用直径小于 0.15 mm 的钢丝制成）或用刮刀将焊件接头两侧一定范围的氧化膜除掉。

化学法：适用于铝、镁、钛及其合金等有色金属的焊件（比较重要或批量大）及焊丝表面氧化膜的清理。化学法去除氧化膜效果好，效率高。但应注意，对不同的材料，清理的方法及所用的清理剂应不相同。

不论是机械法或化学法清理的焊件，都应在清理后尽快施焊，放置时间不应超过 24 h，否则必须重新清理。

十三、钨极氩弧焊的基本操作

1. 手工钨极氩弧焊操作

（1）保证正确的持枪姿势，随时调整焊枪角度及喷嘴高度，既要有良好的保护效果，又要便于观察熔池。

（2）注意气体对熔池的保护。在焊接过程中，如果钨极没有变形，焊后钨极端部为银白色，说明保护效果好；如果焊后钨极发蓝，说明保护效果较差。送丝要均匀，不能在焊接区内搅动，防止空气侵入。

（3）焊接时，确保焊枪和焊丝处于正确的角度。

2. 引弧

手工钨极氩弧焊有三种引弧方法：高频引弧、高压脉冲引弧和短路引弧。为了提高焊接质量，一般采用高频引弧。

高频引弧是利用高频振荡器产生的高频电压击穿气隙，引燃电弧。高频引弧时，钨极与焊件不接触，保持 2～3 mm 的距离，引弧处焊接质量高。

3. 填丝

1）连续填丝

这种填丝操作技术较好，对保护层的扰动小，但比较难掌握。连续填丝时，要求焊丝比较平直，用左手拇指、食指、中指配合动作送丝，无名指和小指夹住焊丝控制方向，如图 3-5 所示。

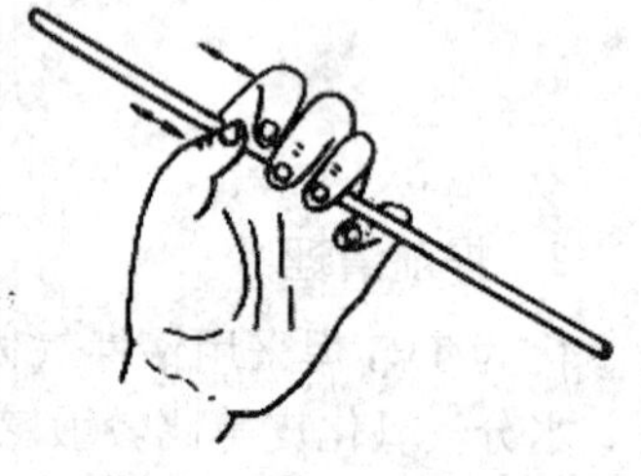

图 3-5　连续填丝操作技术图

连续填丝时手臂动作不大，待焊丝快用完时才前移。当填丝量较大、采用较大的焊接参数时，多采用此法。

2）断续填丝

以左手拇指、食指、中指捏紧焊丝，焊丝末端应始终处于氩气保护区内。填丝动作要轻，不得扰动氩气层，以防止空气侵入。更不能像气焊那样在熔池中搅拌，而是靠手臂和手腕的上下反复动作，将焊丝端部的熔滴送入熔池。全位置焊时多采用此法。

3）焊丝贴紧坡口与钝边一起熔入

将焊丝弯成弧形，紧贴在坡口间隙处，焊接电弧熔化坡口钝边的同时也熔化焊丝。这时要求对口间隙应小于焊丝直径，此法可避免焊丝遮住焊工视线，适用于困难位置的焊接。

4）填丝注意事项

（1）必须等坡口两侧熔化后才填丝，以免造成熔合不良。

（2）填丝时，焊丝应与焊件表面夹角成 15°，敏捷地从熔池前沿点进，随后撤回，如此反复动作。

（3）填丝要均匀，快慢适当。过快，焊缝余高大；过慢，则焊缝下凹或咬边。焊丝端头应始终处在氩气保护区内。

（4）对口间隙大于焊丝直径时，焊丝应跟随电弧作同步横向摆动。无论采用哪种填丝动作，送丝速度均应与焊接速度适应。

（5）填充焊丝时，不应把焊丝直接放在电弧下面，把焊丝抬得过高也是不适宜的，不应让熔滴向熔池“滴渡”。填丝的正确位置如图 3-6 所示。

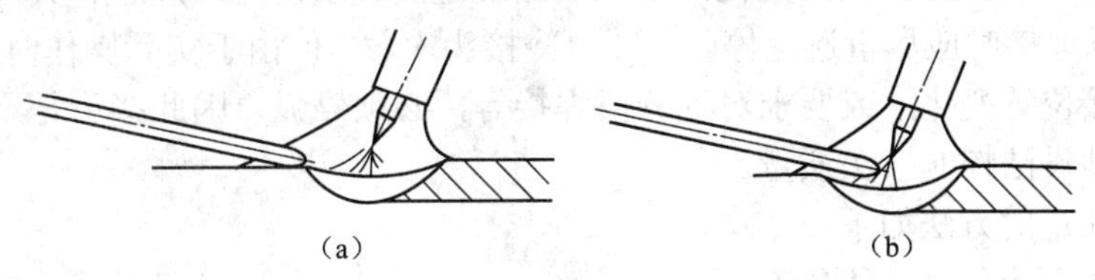

图 3-6　填丝的正确位置
（a）正确　（b）错误

（6）操作过程中，如不慎使钨极与焊丝相碰，发生瞬间短路，将产生很大的飞溅和烟雾，会造成焊缝污染和夹钨。这时，应立即停止焊接，用砂轮磨掉焊件被污染处，直至磨出金属光泽。被污染的钨极应在别处重新引弧熔化掉污染端部，或重新磨尖后，方可继续焊接。

（7）撤回焊丝时，切记不要让焊丝端头撤出氩气保护区，以免焊丝端头被氧化，在下次点进时进入熔池，造成氧化物夹渣或产生气孔。

4．焊接

（1）打底焊缝应一气呵成，不允许中途停止。打底层焊缝应具有一定厚度：对于壁厚小于 10 mm 的管子，其厚度不得小于 2～3 mm；壁厚大于 10 mm 的管子，其厚度不得小于 4～5 mm。打底层焊缝需经自检合格后，才能填充盖面。

（2）焊接时要掌握好焊枪角度、送丝位置，力求送丝均匀，才能保证焊缝成形。为了获得比较宽的焊道，保证坡口两侧的熔合质量，氩弧焊枪也可横向摆动，但摆动频率不能太高，幅度不能太大，以不破坏熔池的保护效果为原则，由焊工灵活掌握。

焊完打底层后，焊第二层时，应注意不得将打底焊道烧穿，防止焊道下凹或背面剧烈氧化。

5．收弧

焊接结束时，首先将焊丝抽离电弧区，但不要脱离保护区，以免焊丝端部氧化，然后将焊枪移到熔池的前边缘上方后抬高，拉断电弧，注意焊枪不要抬得太高，使熔池失去保护。一般钨极氩弧焊设备都有电流自动衰减装置，最好的办法是采用电流衰减灭弧。若无电流衰减装置时，多采用改变操作方法来收弧，其基本要点是逐渐减少热量输入，如改变焊枪角度、拉长电弧、加快焊速。对于管子封闭焊缝，最后的收弧一般多采用稍拉长电弧，重叠焊缝 20～40 mm，在重叠部分不加或少加焊丝。收弧不当会影响焊缝质量，使弧坑过深或产生弧坑裂纹，甚至造成返修。停弧后，氩气开关应延时 10 s 左右再关闭（一般设备上都有提前送气、滞后关气的装置），防止金属在高温下继续氧化。

6．定位焊

定位焊缝将是焊缝的一部分，应采用与正式焊缝相同的焊接工艺和填丝方法，定位焊缝的长度和间距应根据焊件厚度和刚度而定。一般定位焊缝的长度为 10～20 mm，焊缝余高不超过 2 mm。

7．接头

无论打底层或填充层焊接，控制接头的质量是很重要的。接头是两段焊缝交接的地方，由于温度的差别和填充金属量的变化，该处易出现超高、缺肉、未焊透、夹渣（夹杂）、气孔等缺陷，所以焊接时应尽量避免停弧，减少冷接头次数。但由于实际操作时，需更换焊丝、更换钨极、焊接位置变化，或要求对称分段焊接等，必须停弧，因此接头是不可避免的。问题是应尽可能地设法控制接头质量。

控制接头质量的方法如下。

（1）接头处要有斜坡，不能有死角。

（2）重新引弧的位置在原弧坑后面，使焊缝重叠 20～30 mm，重叠处一般不加或只加少量焊丝。

（3）熔池要贯穿到接头的根部，以确保接头处熔透。

第二节　钨极氩弧焊实训课题

课题一　钨极氩弧焊钢板平敷焊

母材	牌号	Q235A	焊丝	牌号	H08Mn2SiA	钨极	类型	铈钨
	规格	300×100×2		规格	ϕ2.5		规格	ϕ2.4

焊接位置示意图

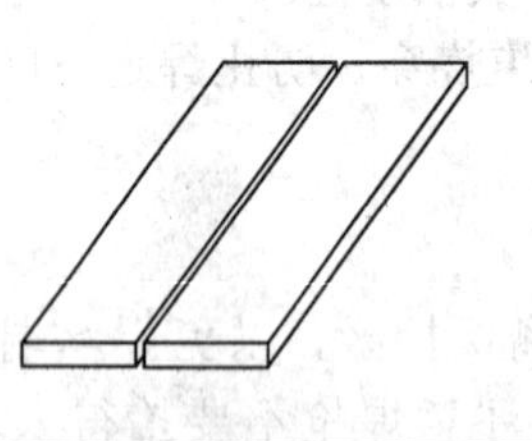

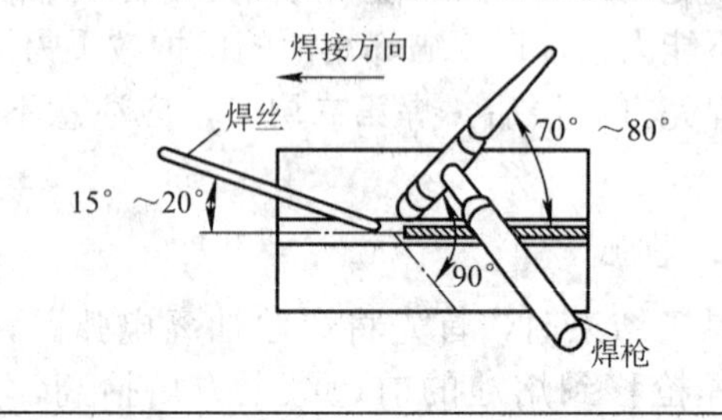

焊前准备	1．钨极氩弧焊是使用纯钨或活性钨作电极，利用从喷嘴流出的氩气在电弧及焊接熔池周围形成保护气流，保护钨极、焊丝、熔池不被氧化的一种手工气体保护焊方法 2．试件清理：清理焊件表面 30 mm 范围内的油污、铁锈、漆、加工毛刺 3．焊接设备：直流氩弧焊机

焊层道号	焊接方法	焊丝		电流范围/A	钨极伸出长度/mm	气体流量/（L/min）	电源极性	焊接走向	接头数量
		规格	数量						
1-1	GTAW	ϕ2.5	—	35～50	1～3	8～10	正接	左向焊法	2

操作要领	1．引弧起头：调节好焊接电流及气体流量，直接将焊枪放到起焊处，且达到一定的高度后按下脉冲引弧装置电源开关即可将电弧引燃。起弧后也就是在第一个熔池未形成以前，应注意仔细观察熔池的形成，同时将焊丝端部置于电弧前进行预热。当焊件形成清晰的熔池时，将熔化焊丝送入熔池形成合适焊缝；焊枪向前移动形成新的熔池，焊丝同时往里送进；如此反复，直至焊完。焊枪与焊件的角度一般为 70°～80°

续表

操作要领	2．焊道的接头：在焊接中途停顿又继续施焊时，应将焊枪移向原熔池的上方，重新加热熔化，当形成新的熔池后再填入焊丝，开始续焊。续焊位置应与前焊道重叠 5～10 mm，重叠焊道可不加或少加焊丝，以保证焊缝的余高及圆滑过渡 3．焊枪和焊丝的运动：焊枪和焊丝的运动包括三个动作。两者沿焊缝作纵向移动，不断地熔化焊件和焊丝而形成焊缝；焊枪沿焊缝作小横向摆动，充分加热焊件，利用电弧力搅拌熔池，使熔渣浮出；焊丝在垂直方向送进，并作上下跳动，以控制熔池热量和往焊缝送填充金属 4．焊道的收尾：减少焊枪的倾斜角度，增加焊接速度并多加一些焊丝填满弧坑；当熄弧后，应在收弧处停留几秒后再移开焊枪，以防止金属在高温下产生氧化或生成气孔
安全要求	1．焊前注意穿戴个人劳保用品；检查设备各接线处是否有松动现象，焊枪及电缆线是否有破损；防止漏电和接触不良现象 2．焊接过程中应注意个人保护及提醒周围同学注意防范 3．因钨极有放射性危害，故在磨削时砂轮必须安装有抽风扇，焊工要戴口罩及防护眼镜，磨削完工后要清洗手和脸 4．因高频引弧产生高频电磁场可成为有害因素之一，故不宜频繁起弧

评　分　表

班级　　　　　　　　　　　　姓名　　　　　　　　　　　　年　　月　　日

考件名称	钨极氩弧焊钢板平敷焊	考核时间	15 min	总分	
项目	考核技术要求	配分	评分标准		得分
焊缝外观质量	焊缝余高（h）$0 \leqslant h \leqslant 2$ mm	6	每超差 1 mm 扣 2 分		
	焊缝余高差（h_1）$0 \leqslant h_1 \leqslant 1$ mm	5	每超差 1 mm 扣 1 分		
	焊缝宽度 5～7 mm	5	每超差 1 mm 扣 1 分		
	焊缝宽度差（c_1）$0 \leqslant c_1 \leqslant 1$ mm	5	每超差 1 mm 扣 1 分		
	焊缝边缘直线度误差≤1 mm	10	每超差 1 mm 扣 3 分		
	焊缝宽度 5～6mm	6	每超差 1 mm 扣 2 分		
	咬边缺陷深度 $F \leqslant 0.5$mm，累计长度＜30 mm	10	每超差 1 mm 扣 2 分，扣完为止		
	无未焊透	10	每出现一处缺陷扣 5 分		
	无未熔合	5	出现缺陷不得分		
	无焊瘤	6	每出现一处焊瘤扣 2 分		
	无气孔	6	每出现一处气孔扣 2 分		
	接头无脱节	6	每出现一处脱节扣 2 分		
	焊缝表面波纹细腻、均匀，成形美观	10	根据成形酌情扣分		
安全文明生产	按照国家安全生产法规有关规定考核	5	1．劳保用品穿戴不全，扣 2 分 2．焊接过程中有违反安全操作规程的现象，根据情况扣 2～5 分 3．焊完后场地清理不干净，工具码放不整齐，扣 3 分		
时限	焊件必须在考核时间内完成	5	超时＜5min 扣 2 分 超时 5～10min 扣 5 分 超时＞10min 不及格		
个人小结					

课题二 钨极氩弧焊 V 形坡口钢板对接平焊

<table>
<tr><td rowspan="2">母材</td><td>牌号</td><td>Q235A</td><td rowspan="2">焊丝</td><td>牌号</td><td>H08Mn2SiA</td><td rowspan="2">钨极</td><td>类型</td><td>铈钨</td></tr>
<tr><td>规格</td><td>300×100×6</td><td>规格</td><td>φ2.5</td><td>规格</td><td>φ2.4</td></tr>
<tr><td colspan="5">焊接位置示意图
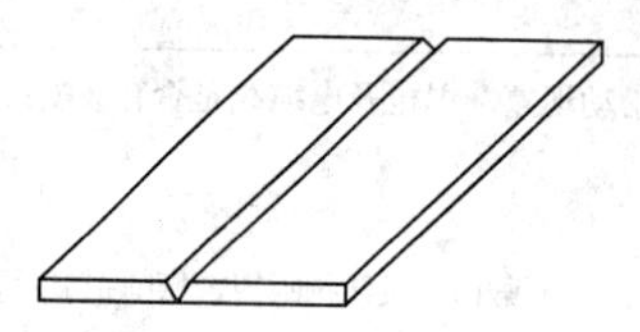</td><td colspan="4">焊接顺序
</td></tr>
<tr><td>焊前准备</td><td colspan="8">1．坡口制备：坡口面角度为 30°。焊接位置如上图
2．试件清理：将母材距坡口 30 mm 范围内的内外表面油、污物、铁锈等清理干净，使其露出金属光泽
3．试件装配：装配间隙为 2～3 mm，点固焊为两点，位于两端正面坡口内，长度为 10～15 mm，反变形 2°～3°，并做到两面平齐
4．焊接设备：直流氩弧焊机
5．要求：单面焊双面成形</td></tr>
</table>

焊层道号	焊接方法	焊丝规格	电流范围/A	钨极伸出长度/mm	气体流量/（L/min）	电源极性	焊接走向	接头数量
1-1	GTAW	φ2.5	70～90	4～6	7～9	正接	左向焊法	3
2-1	GTAW	φ2.5	90～100	4～6	7～9	正接	左向焊法	3
3-1	GTAW	φ2.5	100～110	1～3	7～9	正接	左向焊法	3

<table>
<tr><td>操作要领</td><td>1．引弧焊接：在试件右端定位焊缝上引弧后，在坡口外面预热 4～5 s。当定位焊缝形成熔池并出现熔孔后开始填丝焊接。焊接打底层时，采用较小的焊枪倾角和较小的焊接电流。加快焊接速度和送丝速度，熔滴要小，避免焊缝下凹和烧穿
2．焊接角度：焊枪与焊件夹角一般为 70°～80°
3．焊道的接头：在焊接中途停顿又继续施焊时，应先检查接头熄弧处弧坑质量。如果无氧化物等缺陷，则可直接进行接头焊接。如果有缺陷，则必须将缺陷修磨掉，并将其前端打磨成斜面，然后在弧坑右侧 15～20 mm 处引弧，缓慢向左移动，待弧坑处开始熔化形成熔池和熔孔后，继续填丝焊接
4．焊道的收尾：由于焊件端部散热条件差，应减少焊炬的倾斜角度，增加焊接速度并多加一些焊丝，以防熔池扩大而烧穿。当熄弧后，应在收弧处停留几秒后再移开焊枪，以防止金属在高温下产生氧化或生成气孔
5．填充焊：调整好参数后，进行填充层的焊接，其操作与打底层相同，焊接时焊枪可作月牙形横向摆动，其幅度应稍大，并在坡口两侧停留，保证坡口两侧熔合良好，焊道均匀
6．盖面焊：调整好参数后进行盖面焊，焊枪作锯齿形横向摆动，保证熔池两侧超过坡口边缘 0.5～1 mm，并按焊缝余高要求控制填丝速度与焊接速度，熄弧时必须填满弧坑</td></tr>
<tr><td>安全要求</td><td>1．焊前注意穿戴个人劳保用品；检查设备各接线处是否有松动现象，焊枪及电缆线是否有破损；防止漏电和接触不良现象；焊接过程中注意个人保护及提醒周围同学注意防范
2．因钨极有放射性危害，故在磨削时砂轮必须安装有抽风扇，焊工要戴口罩及防护眼镜，磨削完工后要清洗手和脸
3．因高频引弧产生高频电磁场可成为有害因素之一，故不宜频繁起弧</td></tr>
</table>

评　分　表

班级　　　　　　　　　　　　　　姓名　　　　　　　　　　年　　月　　日

考件名称	钨极氩弧焊 V 形坡口钢板平对接平焊	考核时间	40 min　　总分	
项目	考核技术要求	配分	评分标准	得分
焊缝外观质量	焊缝余高（h）$0 \leq h \leq 2$ mm	6	每超差 1 mm 扣 2 分	
	焊缝余高差（h_1）$0 \leq h_1 \leq 1$ mm	3	每超差 1 mm 扣 1 分	
	焊缝宽度差（c_1）$0 \leq c_1 \leq 1$ mm	5	每超差 1 mm 扣 1 分	
	焊缝边缘直线度误差≤1 mm	15	每超差 1 mm 扣 3 分	
	正面焊缝比坡口每侧增宽 1～2 mm	5	每超差 1 mm 扣 1 分	
	咬边缺陷深度 $F \leq 0.5$ mm，累计长度 <30 mm	10	每超差 1 mm 扣 2 分，扣完为止	
	无未焊透	10	每出现一处缺陷扣 5 分	
	无未熔合	5	出现缺陷不得分	
	错边量≤0.5 mm	3	每超差 1 mm 扣 3 分	
	无焊瘤	6	每出现一处焊瘤扣 2 分	
	无气孔	6	每出现一处气孔扣 2 分	
	接头无脱节	6	每出现一处脱节扣 2 分	
	焊缝表面波纹细腻、均匀，成形美观	10	根据成形酌情扣分	
安全文明生产	按照国家安全生产法规有关规定考核	5	1．劳保用品穿戴不全，扣 2 分 2．焊接过程中有违反安全操作规程的现象，根据情况扣 2～5 分 3．焊完后场地清理不干净，工具码放不整齐，扣 3 分	
时限	焊件必须在考核时间内完成	5	超时＜5min 扣 2 分 超时 5～10min 扣 5 分 超时＞10min 不及格	
个人小结				

课题三　钨极氩弧焊 V 形坡口钢板对接立焊

母材	牌号	Q235A	焊丝	牌号	H08Mn2SiA	钨极	类型	铈钨
	规格	300×100×6		规格	ϕ2.5		规格	ϕ2.4

焊接位置示意图	焊接顺序
	3 2 1

焊前准备	
焊前准备	1．坡口制备：坡口面角度为 30°。焊接位置如上图 2．试件清理：将母材距坡口 30 mm 范围内的内外表面油、污物、铁锈等清理干净，使其露出金属光泽 3．试件装配：装配间隙为 2～3 mm，点固焊为两点，位于两端正面坡口内，长度为 10～15 mm，反变形 2°～3°，并做到两面平齐 4．焊接设备：直流氩弧焊机 5．要求：单面焊双面成形

焊层道号	焊接方法	焊丝规格	电流范围/A	钨极伸出长度/mm	气体流量/（L/min）	电源极性	焊接走向	接头数量
1-1	GTAW	ϕ2.5	70～90	4～6	7～9	正接	由下向上	3
2-1	GTAW	ϕ2.5	95～110	4～6	7～9	正接	由下向上	3
3-1	GTAW	ϕ2.5	85～105	1～3	7～9	正接	由下向上	3

操作要领	
操作要领	1．引弧焊接：在试件下端定位焊缝上引弧后，在坡口外面预热 4～5 s。当定位焊缝边缘形成熔池并出现熔孔后开始填丝焊接。焊接打底层时，采用较小的焊枪倾角和较小的焊接电流。加快焊接速度和送丝速度，熔滴要小，避免焊缝下凹和烧穿 3．焊道的接头：在焊接中途停顿又继续施焊时，应先检查接头熄弧处弧坑质量。如果无氧化物等缺陷，则可直接进行接头焊接。如果有缺陷，则必须将缺陷修磨掉，并将其前端打磨成斜面，然后在弧坑右侧 15～20 mm 处引弧，缓慢向上移动，待弧坑处开始熔化形成熔池和熔孔后，继续填丝焊接 4．焊道的收尾：由于焊件端部散热条件差，应减少焊炬的倾斜角度，增加焊接速度并多加一些焊丝，以防熔池扩大而烧穿。当熄弧后，应在收弧处停留几秒后再移开焊枪，以防止金属在高温下产生氧化或生成气孔 5．填充焊：调整好参数后，进行填充层的焊接，其操作与打底层相同，焊接时焊枪可作月牙形横向摆动，其幅度应稍大，并在坡口两侧停留，保证坡口两侧熔合良好，焊道均匀 6．盖面焊：调整好参数后进行盖面焊，焊枪作锯齿形横向摆动，保证熔池两侧超过坡口边缘 0.5～1 mm，并按焊缝余高要求控制填丝速度与焊接速度，熄弧时必须填满弧坑
安全要求	1．焊前注意穿戴个人劳保用品；检查设备各接线处是否有松动现象，焊枪及电缆线是否有破损；防止漏电和接触不良现象；焊接过程中注意个人保护及提醒周围同学注意防范 2．因钨极有放射性危害，故在磨削时砂轮必须安装有抽风扇，焊工要戴口罩及防护眼镜，磨削完工后要清洗手和脸 3．因高频引弧产生高频电磁场可成为有害因素之一，故不宜频繁起弧

评 分 表

班级　　　　　　　　　　　　　　姓名　　　　　　　　　　　　年　　月　　日

考件名称	钨极氩弧焊V形坡口钢板对接立焊	考核时间	40 min	总分	
项目	考核技术要求	配分	评分标准		得分
焊缝外观质量	焊缝余高（h）$0 \leqslant h \leqslant 2$ mm	6	每超差1 mm扣2分		
	焊缝余高差（h_1）$0 \leqslant h_1 \leqslant 1$ mm	3	每超差1 mm扣1分		
	焊缝宽度差（c_1）$0 \leqslant c_1 \leqslant 1$ mm	5	每超差1 mm扣1分		
	焊缝边缘直线度误差≤1 mm	15	每超差1 mm扣3分		
	正面焊缝比坡口每侧增宽1～2 mm	5	每超差1 mm扣1分		
	咬边缺陷深度$F \leqslant 0.5$ mm，累计长度<30 mm	10	每超差1 mm扣2分，扣完为止		
	无未焊透	10	每出现一处缺陷扣5分		
	无未熔合	5	出现缺陷不得分		
	错边量≤0.5 mm	3	每超差1 mm扣3分		
	无焊瘤	6	每出现一处焊瘤扣2分		
	无气孔	6	每出现一处气孔扣2分		
	接头无脱节	6	每出现一处脱节扣2分		
	焊缝表面波纹细腻、均匀，成形美观	10	根据成形酌情扣分		
安全文明生产	按照国家安全生产法规有关规定考核	5	1. 劳保用品穿戴不全，扣2分 2. 焊接过程中有违反安全操作规程的现象，根据情况扣2～5分 3. 焊完后场地清理不干净，工具码放不整齐，扣3分		
时限	焊件必须在考核时间内完成	5	超时<5 min扣2分 超时5～10 min扣5分 超时>10 min不及格		
个人小结					

课题四　钨极氩弧焊 V 形坡口钢板对接横焊

母材	牌号	Q235A	焊丝	牌号	H08Mn2SiA	钨极	类型	铈钨
	规格	300×100×6		规格	ϕ2.5		规格	ϕ2.4

焊接位置示意图	焊接顺序
	1　2　3　4　5　6

焊前准备

1．坡口制备：坡口面角度为 30°。焊接位置如上图

2．试件清理：将母材距坡口 30 mm 范围内的内外表面油、污物、铁锈等清理干净，使其露出金属光泽

3．试件装配：装配间隙为 2～3 mm，点固焊为两点，位于两端正面坡口内，长度为 10～15 mm，反变形 4°～6°，并做到两面平齐，错边量≤1 mm

4．焊接设备：直流氩弧焊机

5．要求：单面焊双面成形

焊层道号	焊接方法	焊丝（规格）	电流范围/A	钨极伸出长度/mm	气体流量/（L/min）	电源极性	焊接走向	接头数量
1-1	GTAW	ϕ2.5	85～95	4～6	7～9	正接	由右向左	3
2-1	GTAW	ϕ2.5	100～120	4～6	7～9	正接	由右向左	3
3-1	GTAW	ϕ2.5	95～115	1～3	7～9	正接	由右向左	3

操作要领

1．打底焊：在试件右端定位焊缝上引弧后，先不加丝，在坡口外面预热 4～5 s。当定位焊缝端形成熔池并出现熔孔后开始填丝并向左焊接。焊枪作小幅度锯齿形摆动，在坡口两侧稍停留。焊接时，要密切注意焊接熔池的变化，控制熔池的温度，保证焊缝背面成形良好

2．焊接角度：焊枪与焊件夹角一般为 70°～80°

3．焊道的接头：在焊接中途停顿又继续施焊时，应先检查接头熄弧处弧坑质量。如果无氧化物等缺陷，则可直接进行接头焊接。如果有缺陷，则必须将缺陷修磨掉，并将其前端打磨成斜面，然后在弧坑右侧 15～20 mm 处引弧，缓慢向左移动，待弧坑处开始熔化形成熔池和熔孔后，继续填丝焊接

4．焊道的收尾：由于焊件端部散热条件差，应减少焊炬的倾斜角度，增加焊接速度并多加一些焊丝，以防熔池扩大而烧穿。当熄弧后，应在收弧处停留几秒后再移开焊枪，以防止金属在高温下产生氧化或生成气孔

5．填充焊：由两条焊道组成，先焊下面的焊道，后焊上面的焊道。电流稍大一些，焊枪摆幅比打底时稍大，焊填充层焊道 2 时，焊枪成 0°～10° 的俯角，电弧以打底焊道的下缘为中心运条摆动，保证下坡口熔合良好

6．盖面焊：由三条焊道组成，电流适当小些，焊枪角度、运条方法和填充层一致，在坡口两侧停留，注意控制熔池成椭圆形、清晰明亮，大小和形状始终保持一致

安全要求

1．焊前注意穿戴个人劳保用品；检查设备各接线处是否有松动现象，焊枪及电缆线是否有破损；防止漏电和接触不良现象；焊接过程中注意个人保护及提醒周围同学注意防范

2．因钨极有放射性危害，故在磨削时砂轮必须安装有抽风扇，焊工要戴口罩及防护眼镜，磨削完工后要清洗手和脸

3．因高频引弧产生高频电磁场可成为有害因素之一，故不宜频繁起弧

评 分 表

班级　　　　　　　　　　　　姓名　　　　　　　　　　　　年　　月　　日

考件名称	钨极氩弧焊V形坡口钢板对接横焊	考核时间	40 min	总分	
项目	考核技术要求	配分	评分标准		得分
焊缝外观质量	焊缝余高（h）$0 \leqslant h \leqslant 2$ mm	6	每超差1 mm扣2分		
	焊缝余高差（h_1）$0 \leqslant h_1 \leqslant 1$ mm	3	每超差1 mm扣1分		
	焊缝宽度差（c_1）$0 \leqslant c_1 \leqslant 1$ mm	5	每超差1 mm扣1分		
	焊缝边缘直线度误差≤1 mm	15	每超差1 mm扣3分		
	正面焊缝比坡口每侧增宽1～2 mm	5	每超差1 mm扣1分		
	咬边缺陷深度$F \leqslant 0.5$ mm，累计长度＜30 mm	10	每超差1 mm扣2分，扣完为止		
	无未焊透	10	每出现一处缺陷扣5分		
	无未熔合	5	出现缺陷不得分		
	错边量≤0.5 mm	3	每超差1 mm扣3分		
	无焊瘤	6	每出现一处焊瘤扣2分		
	无气孔	6	每出现一处气孔扣2分		
	接头无脱节	6	每出现一处脱节扣2分		
	焊缝表面波纹细腻、均匀，成形美观	10	根据成形酌情扣分		
安全文明生产	按照国家安全生产法规有关规定考核	5	1．劳保用品穿戴不全，扣2分 2．焊接过程中有违反安全操作规程的现象，根据情况扣2～5分 3．焊完后场地清理不干净，工具码放不整齐，扣3分		
时限	焊件必须在考核时间内完成	5	超时＜5min扣2分 超时5～10min扣5分 超时＞10min不及格		
个人小结					

课题五　钨极氩弧焊钢管水平固定敷焊

母材	牌号	20g	焊丝	牌号	H08Mn2SiA	钨极	类型	铈钨
	规格	φ60×4		规格	φ2.5		规格	φ2.4

焊接位置示意图	焊接方向

焊前准备	1．钨极氩弧焊钢管水平固定敷焊是需经过仰焊、立焊、平焊等几种位置的氩弧焊操作方法。如上图所示 2．试件清理：清理焊件表面 30 mm 范围内的油污、铁锈、漆、加工毛刺 3．焊接设备：直流氩弧焊机

焊层道号	焊接方法	焊丝规格	电流范围/A	钨极伸出长度/mm	气体流量/（L/min）	电源极性	焊接走向	接头数量
1-1	GTAW	φ2.5	70～90	1～3	8～10	正接	分两半周	3

操作要领	1．引弧起头：对准焊件 6 点前 10 mm 始端起弧，起弧后也就是在第一个熔池未形成以前，应注意仔细观察熔池的形成，同时将焊丝端部置于电弧前端进行预热。当焊件形成清晰的熔池时，将熔化焊丝送入熔池形成合适焊缝；焊枪向前移动形成新的熔池，焊丝同时往里送进；如此反复，直至焊完。焊接过程中注意保持焊枪与焊件的角度 2．焊接角度：焊枪与焊件的切线方向夹角一般为 90°～120° 3．焊道的接头：在焊接中途停顿又继续施焊时，应将焊枪移向原熔池的上方，重新加热熔化，当形成新的熔池后再填入焊丝，开始续焊。续焊位置应与前焊道重叠 5～10 mm，重叠焊道可不加或少加焊丝，以保证焊缝的余高及圆滑过渡 4．焊枪和焊丝的运动：焊枪和焊丝的运动包括三个动作。两者沿焊缝作纵向移动，不断地熔化焊件和焊丝而形成焊缝；焊枪沿焊缝作小幅度横向摆动，充分加热焊件，利用电弧力搅拌熔池，使熔渣浮出；焊丝从垂直方向送进，并作上下跳动，以控制熔池热量和加入填充金属；焊接过程中注意控制焊速以保持熔池中焊珠的波面，防止焊速过慢熔池过大 5．焊道的收尾：由于焊件端部散热条件差，应减少焊炬的倾斜角度，增加焊接速度并多加一些焊丝，以防熔池扩大而烧穿。当熄弧后，应在收弧处停留几秒后再移开焊枪，以防止金属在高温下产生氧化或生成气孔
安全要求	1．焊前注意穿戴个人劳保用品；检查设备各接线处是否有松动现象，焊枪及电缆线是否有破损；防止漏电和接触不良现象；焊接过程中注意个人保护及提醒周围同学注意防范 2．因钨极有放射性危害，故在磨削时砂轮必须安装有抽风扇，焊工要戴口罩及防护眼镜，磨削完工后要清洗手和脸 3．因高频引弧产生高频电磁场可成为有害因素之一，故不宜频繁起弧

评 分 表

班级　　　　　　　　　　　　　　　姓名　　　　　　　　　　　　年　　月　　日

考件名称	钨极氩弧焊钢管水平固定敷焊	考核时间	15 min	总分	
项目	考核技术要求	配分	评分标准		得分
焊缝外观质量	焊缝余高（h）$0 \leqslant h \leqslant 2$ mm	6	每超差 1 mm 扣 2 分		
	焊缝余高差（h_1）$0 \leqslant h_1 \leqslant 1$ mm	6	每超差 1 mm 扣 1 分		
	焊缝宽度差（c_1）$0 \leqslant c_1 \leqslant 1$ mm	5	每超差 1 mm 扣 1 分		
	焊缝边缘直线度误差≤1 mm	15	每超差 1 mm 扣 3 分		
	正面焊缝比坡口每侧增宽 1～2 mm	5	每超差 1 mm 扣 1 分		
	咬边缺陷深度 $F \leqslant 0.5$ mm，累计长度＜30 mm	10	每超差 1 mm 扣 2 分，扣完为止		
	无未焊透	10	每出现一处缺陷扣 5 分		
	无未熔合	5	出现缺陷不得分		
	无焊瘤	6	每出现一处焊瘤扣 2 分		
	无气孔	6	每出现一处气孔扣 2 分		
	接头无脱节	6	每出现一处脱节扣 2 分		
	焊缝表面波纹细腻、均匀，成形美观	10	根据成形酌情扣分		
安全文明生产	按照国家安全生产法规有关规定考核	5	1．劳保用品穿戴不全，扣 2 分 2．焊接过程中有违反安全操作规程的现象，根据情况扣 2～5 分 3．焊完后场地清理不干净，工具码放不整齐，扣 3 分		
时限	焊件必须在考核时间内完成	5	超时＜5 min 扣 2 分 超时 5～10 min 扣 5 分 超时＞10 min 不及格		
个人小结					

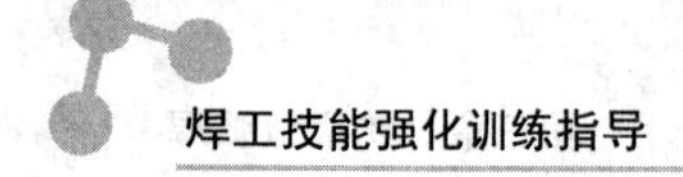

课题六　钨极氩弧焊钢管水平固定焊

<table>
<tr><td rowspan="2">母材</td><td>牌号</td><td>20g</td><td rowspan="2">焊丝</td><td>牌号</td><td>H08Mn2SiA</td><td rowspan="2">钨极</td><td>类型</td><td>铈钨</td></tr>
<tr><td>规格</td><td>ϕ60×4</td><td>规格</td><td>ϕ2.5</td><td>规格</td><td>ϕ2.4</td></tr>
<tr><td colspan="5">焊接位置示意图
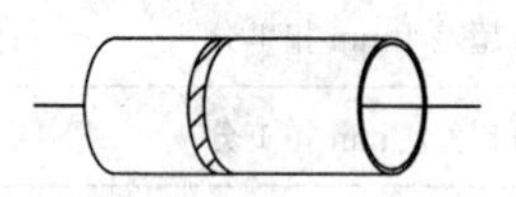</td><td colspan="4">焊接顺序
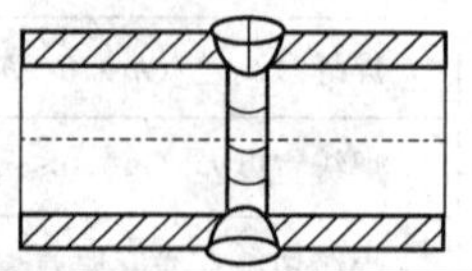</td></tr>
<tr><td>焊前准备</td><td colspan="8">1．试件清理：将两节 60 mm×4 mm 的母材表面油污、铁锈等清理干净，使其露出金属光泽
2．焊件的装配：装配间隙 2.5～3.0 mm，钝边 p=0.5～1 mm。装配时要保证同心度。采用两点固定焊法进行定位焊，定位焊缝长度≤10 mm。焊接方法与正式焊接一样
3．焊接电源：直流氩弧焊机
4．要求：单面焊双面成形</td></tr>
</table>

焊层道号	焊接方法	焊丝规格	电流范围/A	钨极伸出长度/mm	气体流量/（L/min）	电源极性	焊接走向	接头数量
1-1	GTAW	ϕ2.5	70～80	4～6	8～10	正接	分两半周	3
2-1	GTAW	ϕ2.5	70～90	1～3	8～10	正接	分两半周	3

<table>
<tr><td>操作要领</td><td>1．打底焊：在仰焊部位 6 点处往左 10 mm 处引弧，引弧后控制弧长 2～3 mm，对坡口根部两侧预热，当获得一定大小的明亮清晰的熔池后，即可填丝。焊丝与通过熔池的切线成 15°角送入熔池前方，焊丝沿坡口的上方送到熔池后，要轻轻地往熔池里推一下，并向管内摆动，从而能提高焊缝背面高度，避免凹坑和未焊透。起焊速度稍慢并多加焊丝，焊丝端部始终处于氩气保护范围，避免焊丝氧化，且焊丝应位于熔池前方边熔化边送丝。当焊至 11 点处时，结束前半周焊接。后半周应从 6 点处引弧，注意接头，焊接方法与前半周相同，收弧位置应在 12 点处，保证弧坑填满
2．盖面焊：除焊枪横向摆动幅度稍大，焊接速度稍慢外，其余基本与打底相同。但在焊接过程中应注意控制焊枪和焊丝的运动
3．焊道的接头：在焊接中途停顿又继续施焊时，应将焊枪移向原熔池的上方，重新加热熔化，当形成新的熔池后再填入焊丝，开始续焊。续焊位置应与前焊道重叠 5～10 mm，重叠焊道可不加或少加焊丝，以保证焊缝的余高及圆滑过渡
4．焊道的收尾：由于焊件端部散热条件差，应减少焊枪的倾斜角度，增加焊接速度并多加一些焊丝，以防熔池扩大而烧穿。当熄弧后，应在收弧处停留几秒后再移开焊枪，以防止金属在高温下产生氧化或生成气孔</td></tr>
<tr><td>安全要求</td><td>1．焊前注意穿戴个人劳保用品；检查设备各接线处是否有松动现象，焊枪及电缆线是否有破损；防止漏电和接触不良现象；焊接过程中注意个人保护及提醒周围同学注意防范
2．因钨极有放射性危害，故在磨削时砂轮必须安装有抽风扇，焊工要戴口罩及防护眼镜，磨削完工后要清洗手和脸
3．因高频引弧产生高频电磁场可成为有害因素之一，故不宜频繁起弧</td></tr>
</table>

评 分 表

班级　　　　　　　　　　　　姓名　　　　　　　　　　　年　　月　　日

<table>
<tr><td>考件名称</td><td>钨极氩弧焊钢管水平固定焊</td><td>考核时间</td><td>30min　　总分</td><td></td></tr>
<tr><td>项目</td><td>考核技术要求</td><td>配分</td><td>评分标准</td><td>得分</td></tr>
<tr><td rowspan="16">焊缝外观质量</td><td>正面焊缝余高（h）$0\leq h\leq 2$ mm</td><td>6</td><td>每超差 1 mm 扣 2 分</td><td></td></tr>
<tr><td>背面焊缝余高（h'）$0\leq h'\leq 1$ mm</td><td>6</td><td>每超差 1 mm 扣 2 分</td><td></td></tr>
<tr><td>正面焊缝余高差（h_1）$0\leq h_1\leq 1$ mm</td><td>5</td><td>每超差 1 mm 扣 1 分</td><td></td></tr>
<tr><td>正面焊缝比坡口每侧增宽 1～2 mm</td><td>5</td><td>每超差 1 mm 扣 1 分</td><td></td></tr>
<tr><td>焊缝宽度差（c_1）$0\leq c_1\leq 1$ mm</td><td>5</td><td>每超差 1 mm 扣 1 分</td><td></td></tr>
<tr><td>咬边缺陷深度 $F\leq 0.5$ mm，累计长度 <30 mm</td><td>8</td><td>每超差 1 mm 扣 1 分</td><td></td></tr>
<tr><td>内凹缺陷长度（L）$0\leq L\leq 15$ mm</td><td>8</td><td>超差不得分</td><td></td></tr>
<tr><td>无外凹</td><td>8</td><td>出现缺陷不得分</td><td></td></tr>
<tr><td>无未焊透</td><td>6</td><td>每出现一处缺陷扣 2 分</td><td></td></tr>
<tr><td>无未熔合</td><td>5</td><td>出现缺陷不得分</td><td></td></tr>
<tr><td>错边量≤0.5 mm</td><td>3</td><td>每超差 1 mm 扣 3 分</td><td></td></tr>
<tr><td>无焊瘤</td><td>6</td><td>每出现一处焊瘤扣 2 分</td><td></td></tr>
<tr><td>无气孔</td><td>6</td><td>每出现一处气孔扣 2 分</td><td></td></tr>
<tr><td>接头无脱节</td><td>3</td><td>每出现一处脱节扣 1 分</td><td></td></tr>
<tr><td>焊缝表面波纹细腻、均匀，成形美观</td><td>10</td><td>根据成形酌情扣分</td><td></td></tr>
<tr><td>安全文明生产</td><td>按照国家安全生产法规有关规定考核</td><td>5</td><td>1. 劳保用品穿戴不全，扣 2 分
2. 焊接过程中有违反安全操作规程的现象，根据情况扣 2～5 分
3. 焊完后场地清理不干净，工具码放不整齐，扣 3 分</td><td></td></tr>
<tr><td>时限</td><td>焊件必须在考核时间内完成</td><td>5</td><td>超时<5 min 扣 2 分
超时 5～10 min 扣 5 分
超时>10 min 不及格</td><td></td></tr>
<tr><td>个人小结</td><td colspan="4"></td></tr>
</table>

课题七　钨极氩弧焊钢管垂直位置敷焊

<table>
<tr><td rowspan="2">母材</td><td>牌号</td><td>20g</td><td rowspan="2">焊丝</td><td>牌号</td><td>H08Mn2SiA</td><td rowspan="2">钨极</td><td>类型</td><td>铈钨</td></tr>
<tr><td>规格</td><td>ϕ60×4</td><td>规格</td><td>ϕ2.5</td><td>规格</td><td>ϕ2.4</td></tr>
<tr><td colspan="5">焊接位置示意图</td><td colspan="4">焊接方向</td></tr>
<tr><td>焊前准备</td><td colspan="8">1．钨极氩弧焊管垂直位置敷焊是在横焊过程中通过不断改变焊条角度来保证焊接角度的氩弧焊操作方法。如上图所示
2．试件清理：清理焊件表面 30 mm 范围内的油污、铁锈、漆、加工毛刺
3．焊接设备：直流氩弧焊机</td></tr>
</table>

<table>
<tr><td rowspan="2">焊层道号</td><td rowspan="2">焊接方法</td><td colspan="2">焊丝</td><td rowspan="2">电流范围/A</td><td rowspan="2">钨极伸出长度/mm</td><td rowspan="2">气体流量/（L/min）</td><td rowspan="2">电源极性</td><td rowspan="2">焊接走向</td><td rowspan="2">接头数量</td></tr>
<tr><td>规格</td><td>数量</td></tr>
<tr><td>1-1</td><td>GTAW</td><td>ϕ2.5</td><td>—</td><td>85～95</td><td>1～3</td><td>8～10</td><td>正接</td><td>顺时针</td><td>3</td></tr>
</table>

<table>
<tr><td>操作要领</td><td>1．引弧起头：调节好焊接电流及气体流量，直接将焊枪放到起焊处且达到一定的高度后按下脉冲引弧装置电源开关即可将电弧引燃。起弧后也就是在第一个熔池未形成以前，应注意仔细观察熔池的形成，同时将焊丝端部置于电弧前端进行预热，当焊件形成清晰的熔池时，将熔化焊丝送入熔池形成合适焊缝；焊枪向前移动形成新的熔池，焊丝同时往里送进；如此反复，直至焊完。焊枪与焊件的切线方向夹角一般为 70°～80°，焊接过程注意保持焊枪与焊件的角度
2．焊道的接头：在焊接中途停顿又继续施焊时，应将焊枪移向原熔池的上方，重新加热熔化，当形成新的熔池后再填入焊丝，开始续焊。续焊位置应与前焊道重叠 5～10 mm，重叠焊道可不加或少加焊丝，以保证焊缝的余高及圆滑过渡
3．焊接过程：焊枪沿焊缝作上下摆动，充分加热焊件，利用电弧力搅拌熔池，使熔渣浮出，焊丝从熔池前上方送进，并作上下跳动，以控制熔池热量和加入填充金属。保持焊道的宽度为 6～8 mm，控制焊接速度，并防止上咬边
4．焊道的收尾：由于焊件端部散热条件差，应减少焊枪的倾斜角度，增加焊接速度并多加一些焊丝，以防熔池扩大而烧穿。当熄弧后，应在收弧处停留几秒后再移开焊枪，以防止金属在高温下产生氧化或生成气孔</td></tr>
<tr><td>安全要求</td><td>1．焊前注意穿戴个人劳保用品；检查设备各接线处是否有松动现象，焊枪及电缆线是否有破损，防止漏电和接触不良现象；焊接过程注意个人保护及提醒周围同学注意防范
2．因钨极有放射性危害，故在磨削时砂轮必须安装有抽风扇，焊工要戴口罩及防护眼镜，磨削完工后要清洗手和脸
3．因高频引弧产生高频电磁场可成为有害因素之一，故不宜频繁起弧</td></tr>
</table>

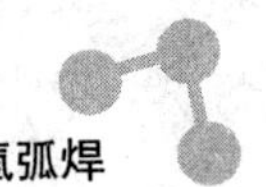

评　分　表

班级　　　　　　　　　　姓名　　　　　　　　　　年　　月　　日

考件名称	钨极氩弧焊钢管垂直位置敷焊	考核时间	15 min	总分	
项目	考核技术要求	配分	评分标准		得分
焊缝外观质量	焊缝余高（h）$0 \leqslant h \leqslant 2$ mm	6	每超差 1 mm 扣 2 分		
	焊缝余高差（h_1）$0 \leqslant h_1 \leqslant 1$ mm	6	每超差 1 mm 扣 1 分		
	焊缝宽度差（c_1）$0 \leqslant c_1 \leqslant 2$ mm	5	每超差 1 mm 扣 1 分		
	焊缝边缘直线度误差≤1 mm	15	每超差 1 mm 扣 3 分		
	焊缝宽度 5～7 mm	5	每超差 1 mm 扣 1 分		
	咬边缺陷深度 $F \leqslant 0.5$ mm，累计长度<30 mm	10	每超差 1 mm 扣 2 分，扣完为止		
	无未焊透	10	每出现一处缺陷扣 5 分		
	无未熔合	5	出现缺陷不得分		
	无焊瘤	6	每出现一处焊瘤扣 2 分		
	无气孔	6	每出现一处气孔扣 2 分		
	接头无脱节	6	每出现一处脱节扣 2 分		
	焊缝表面波纹细腻、均匀，成形美观	10	根据成形酌情扣分		
安全文明生产	按照国家安全生产法规有关规定考核	5	1．劳保用品穿戴不全，扣 2 分 2．焊接过程中有违反安全操作规程的现象，根据情况扣 2～5 分 3．焊完后场地清理不干净，工具码放不整齐，扣 3 分		
时限	焊件必须在考核时间内完成	5	超时<5 min 扣 2 分 超时 5～10 min 扣 5 分 超时>10 min 不及格		
个人小结					

课题八　钨极氩弧焊钢管垂直固定焊

母材	牌号	20g	焊丝	牌号	H08Mn2SiA	钨极	类型	铈钨
	规格	ϕ60×4		规格	ϕ2.5		规格	ϕ2.4

焊接位置示意图	焊接顺序
	1 2 3

焊前准备

1．试件清理：将两节 60 mm×4 mm 的母材表面油污、铁锈等清理干净，使其露出金属光泽

2．试件装配：装配间隙 1.5～2.0 mm，钝边 p=0.5～1 mm。装配时要保证同心度。采用两点固定焊法进行定位焊，定位焊缝长度≤10 mm。焊接方法与正式焊接一样

3．焊接设备：直流氩弧焊机

4．要求：单面焊双面成形

焊层道号	焊接方法	焊丝规格	电流范围/A	钨极伸出长度/mm	气体流量/（L/min）	电源极性	焊接走向	接头数量
1-1	GTAW	ϕ2.5	85～95	4～6	8～10	正接	分两半周	—
2-2	GTAW	ϕ2.5	85～95	1～3	6～8	正接	分两半周	—

操作要领

1．打底焊：在最小间隙（1.5 mm）处引弧，引弧后控制弧长 2～3 mm，对坡口根部两侧预热，当获得一定大小的明亮清晰的熔池后，将焊丝轻轻往熔池里推一下，并向管内摆动，提高焊缝背面高度，避免凹坑和未焊透。填充焊丝的同时，焊枪小幅度作上下摆动并向右均匀移动。在焊接过程中，填充焊丝以往复运动方式间断地送入电弧内的熔池前方，在熔池前呈滴状加入。熔池的热量要集中在坡口的下部，以防止上部坡口过热，产生咬边或焊缝背面的余高下坠

2．盖面焊：除焊枪横向摆动幅度稍大，送丝频率稍快，送丝量稍少外，其余基本与打底相同

3．焊接角度：焊枪与焊丝成 75°～90°角，焊丝与熔池切线方向成 10°～15°角

4．焊道的接头：在焊接中途停顿又继续施焊时，应将焊枪移向原熔池的上方，重新加热熔化，当形成新的熔池后再填入焊丝，开始续焊。续焊位置应与前焊道重叠 5～10 mm，重叠焊道可不加或少加焊丝，以保证焊缝的余高及圆滑过渡

5．焊道的收尾：由于焊件端部散热条件差，应减少焊枪的倾斜角度，增加焊接速度并多加一些焊丝，以防熔池扩大而烧穿。当熄弧后，应在收弧处停留几秒后再移开焊枪，以防止金属在高温下产生氧化或生成气孔

安全要求

1．焊前注意穿戴个人劳保用品；检查设备各接线处是否有松动现象，焊枪及电缆线是否有破损；防止漏电和接触不良现象；焊接过程中注意个人保护及提醒周围同学注意防范

2．因钨极有放射性危害，故在磨削时砂轮必须安装有抽风扇，焊工要戴口罩及防护眼镜，磨削完工后要清洗手和脸

3．因高频引弧产生高频电磁场可成为有害因素之一，故不宜频繁起弧

评　分　表

班级　　　　　　　　　　　　　　姓名　　　　　　　　　　　年　　月　　日

<table>
<tr><td>考件名称</td><td>钨极氩弧焊钢管垂直固定焊</td><td>考核时间</td><td>30 min</td><td>总分</td><td></td></tr>
<tr><td>项目</td><td>考核技术要求</td><td>配分</td><td colspan="2">评分标准</td><td>得分</td></tr>
<tr><td rowspan="16">焊缝外观质量</td><td>正面焊缝余高（h）$0 \leqslant h \leqslant 3$ mm</td><td>6</td><td colspan="2">每超差 1 mm 扣 2 分</td><td></td></tr>
<tr><td>背面焊缝余高（h'）$0 \leqslant h' \leqslant 1$ mm</td><td>6</td><td colspan="2">每超差 1 mm 扣 2 分</td><td></td></tr>
<tr><td>正面焊缝余高差（h_1）$0 \leqslant h_1 \leqslant 1$ mm</td><td>5</td><td colspan="2">每超差 1 mm 扣 1 分</td><td></td></tr>
<tr><td>正面焊缝比坡口每侧增宽 1～2 mm</td><td>5</td><td colspan="2">每超差 1 mm 扣 1 分</td><td></td></tr>
<tr><td>焊缝宽度差（c_1）$0 \leqslant c_1 \leqslant 1$ mm</td><td>5</td><td colspan="2">每超差 1 mm 扣 1 分</td><td></td></tr>
<tr><td>咬边缺陷深度 $F \leqslant 0.5$ mm，累计长度 <30 mm</td><td>8</td><td colspan="2">每超差 1 mm 扣 1 分</td><td></td></tr>
<tr><td>内凹缺陷长度（L）$0 \leqslant L \leqslant 15$ mm</td><td>8</td><td colspan="2">超差不得分</td><td></td></tr>
<tr><td>无外凹</td><td>8</td><td colspan="2">出现缺陷不得分</td><td></td></tr>
<tr><td>无未焊透</td><td>6</td><td colspan="2">每出现一处缺陷扣 2 分</td><td></td></tr>
<tr><td>无未熔合</td><td>5</td><td colspan="2">出现缺陷不得分</td><td></td></tr>
<tr><td>错边量≤0.5 mm</td><td>3</td><td colspan="2">每超差 1 mm 扣 3 分</td><td></td></tr>
<tr><td>无焊瘤</td><td>6</td><td colspan="2">每出现一处焊瘤扣 2 分</td><td></td></tr>
<tr><td>无气孔</td><td>6</td><td colspan="2">每出现一处气孔扣 2 分</td><td></td></tr>
<tr><td>接头无脱节</td><td>3</td><td colspan="2">每出现一处脱节扣 1 分</td><td></td></tr>
<tr><td>焊缝表面波纹细腻、均匀，成形美观</td><td>10</td><td colspan="2">根据成形酌情扣分</td><td></td></tr>
<tr><td>安全文明生产</td><td>按照国家安全生产法规有关规定考核</td><td>5</td><td colspan="2">1．劳保用品穿戴不全，扣 2 分
2．焊接过程中有违反安全操作规程的现象，根据情况扣 2～5 分
3．焊完后场地清理不干净，工具码放不整齐，扣 3 分</td><td></td></tr>
<tr><td>时限</td><td>焊件必须在考核时间内完成</td><td>5</td><td colspan="2">超时<5min 扣 2 分
超时 5～10min 扣 5 分
超时>10min 不及格</td><td></td></tr>
<tr><td>个人小结</td><td colspan="5"></td></tr>
</table>

课题九　钨极氩弧焊 V 形坡口钢板对接仰焊

母材	牌号	Q235A	焊丝	牌号	H08Mn2SiA	钨极	类型	铈钨
	规格	300×100×6		规格	ϕ2.5		规格	ϕ2.4

焊接位置示意图

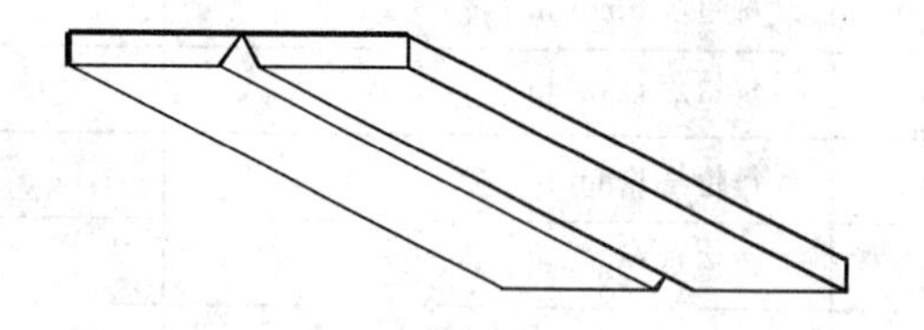

焊接顺序

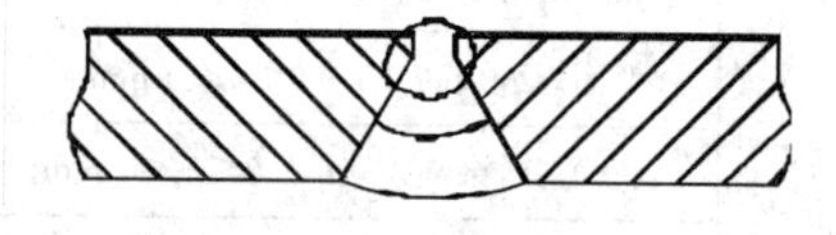

焊前准备

1．坡口制备：坡口面角度为 30°。焊接位置如上图

2．试件清理：将母材距坡口 30 mm 范围内的内外表面油、污物、铁锈等清理干净，使其露出金属光泽

3．试件装配：装配间隙为 2～3 mm，点固焊为两点，位于两端正面坡口内，长度为 10～15 mm，反变形 2°～3°，错边量≤1 mm，并做到两面平齐

4．焊接设备：直流氩弧焊机

5．要求：单面焊双面成形

焊层道号	焊接方法	焊丝		电流范围/A	钨极伸出长度/mm	气体流量/（L/min）	电源极性	焊接走向	接头数量
		规格	数量						
1-1	GTAW	ϕ2.5	—	75～95	4～6	7～10	正接	由右向左	3
2-1	GTAW	ϕ2.5	—	90～110	4～6	7～10	正接	由右向左	3
3-1	GTAW	ϕ2.5	—	85～105	1～3	7～10	正接	由右向左	3

操作要领

1．打底焊：在右端定位焊缝上引弧后预热，当定位焊缝形成熔池并出现熔孔后，开始填丝并自右向左焊接。焊接打底层时，采用较小的焊枪倾角和较小的焊接电流。加快焊接速度和送丝速度，熔滴要小，气体流量要大，避免焊缝下凹和烧穿

2．接头：在焊接中途停顿又继续施焊时，应先检查接头熄弧处弧坑质量。如果无氧化物等缺陷，则可直接进行接头焊接

3．焊道的收尾：由于焊件端部散热条件差，应减少焊枪的倾斜角度，增加焊接速度并多加一些焊丝，以防熔池扩大而烧穿。当熄弧后，应在收弧处停留几秒后再移开焊枪，以防止金属在高温下产生氧化或生成气孔

4．填充焊：调整好参数后，进行填充层的焊接，其操作与打底层相同，焊接时焊枪可作锯齿形横向摆动，其幅度应稍大，并在坡口两侧停留，保证坡口两侧熔合良好，焊道均匀

5．盖面焊：调整好参数后进行盖面焊，采用断续填丝法，焊枪作锯齿形横向摆动，保证熔池两侧超过坡口边缘 0.5～1 mm，并按焊缝余高要求控制填丝速度与焊接速度，熄弧时必须填满弧坑

安全要求

1．焊前注意穿戴个人劳保用品；检查设备各接线处是否有松动现象，焊枪及电缆线是否有破损；防止漏电和接触不良现象；焊接过程中注意个人保护及提醒周围同学注意防范

2．因钨极有放射性危害，故在磨削时砂轮必须安装有抽风扇，焊工要戴口罩及防护眼镜，磨削完工后要清洗手和脸

3．因高频引弧产生高频电磁场可成为有害因素之一，故不宜频繁起弧

评　分　表

班级　　　　　　　　　　　　　姓名　　　　　　　　　　年　　月　　日

<table>
<tr><td>考件名称</td><td>钨极氩弧焊 V 形坡口钢板对接仰焊</td><td>考核时间</td><td>40 min</td><td>总分</td><td></td></tr>
<tr><td>项目</td><td>考核技术要求</td><td>配分</td><td colspan="2">评分标准</td><td>得分</td></tr>
<tr><td rowspan="13">焊缝外观质量</td><td>焊缝余高（h）$0 \leqslant h \leqslant 2$ mm</td><td>6</td><td colspan="2">每超差 1 mm 扣 2 分</td><td></td></tr>
<tr><td>焊缝余高差（h_1）$0 \leqslant h_1 \leqslant 1$ mm</td><td>3</td><td colspan="2">每超差 1 mm 扣 1 分</td><td></td></tr>
<tr><td>焊缝宽度差（c_1）$0 \leqslant c_1 \leqslant 1$ mm</td><td>5</td><td colspan="2">每超差 1 mm 扣 1 分</td><td></td></tr>
<tr><td>焊缝边缘直线度误差≤1 mm</td><td>15</td><td colspan="2">每超差 1 mm 扣 3 分</td><td></td></tr>
<tr><td>正面焊缝比坡口每侧增宽 1～2 mm</td><td>5</td><td colspan="2">每超差 1 mm 扣 1 分</td><td></td></tr>
<tr><td>咬边缺陷深度 $F \leqslant 0.5$ mm，累计长度＜30 mm</td><td>10</td><td colspan="2">每超差 1 mm 扣 2 分，扣完为止</td><td></td></tr>
<tr><td>无未焊透</td><td>10</td><td colspan="2">每出现一处缺陷扣 5 分</td><td></td></tr>
<tr><td>无未熔合</td><td>5</td><td colspan="2">出现缺陷不得分</td><td></td></tr>
<tr><td>错边量≤0.5 mm</td><td>3</td><td colspan="2">每超差 1 mm 扣 3 分</td><td></td></tr>
<tr><td>无焊瘤</td><td>6</td><td colspan="2">每出现一处焊瘤扣 2 分</td><td></td></tr>
<tr><td>无气孔</td><td>6</td><td colspan="2">每出现一处气孔扣 2 分</td><td></td></tr>
<tr><td>接头无脱节</td><td>6</td><td colspan="2">每出现一处脱节扣 2 分</td><td></td></tr>
<tr><td>焊缝表面波纹细腻、均匀，成形美观</td><td>10</td><td colspan="2">根据成形酌情扣分</td><td></td></tr>
<tr><td>安全文明生产</td><td>按照国家安全生产法规有关规定考核</td><td>5</td><td colspan="2">1．劳保用品穿戴不全，扣 2 分
2．焊接过程中有违反安全操作规程的现象，根据情况扣 2～5 分
3．焊完后场地清理不干净，工具码放不整齐，扣 3 分</td><td></td></tr>
<tr><td>时限</td><td>焊件必须在考核时间内完成</td><td>5</td><td colspan="2">超时＜5min 扣 2 分
超时 5～10min 扣 5 分
超时＞10min 不及格</td><td></td></tr>
<tr><td>个人小结</td><td colspan="5"></td></tr>
</table>

第四章 气焊与气割

第一节 气焊与气割设备及工具

一、氧气瓶

1. 氧气瓶的构造

氧气瓶是储存氧气的一种高压容器钢瓶，如图 4-1 所示。由于氧气瓶要经受搬运、滚动，甚至还要经受震动和冲击等，因此材质要求很高，产品质量要求十分严格，出厂前要经过严格检验，以确保氧气瓶的安全可靠。氧气瓶是一个圆柱形瓶体，瓶体上有防震圈；瓶体的上端有瓶口，瓶口的内壁和外壁均有螺纹，用来装设瓶阀和瓶帽；为了避免腐蚀和发生火花，所有与高压氧气接触的零件都用黄铜制作；氧气瓶外表漆成天蓝色，用黑漆标明“氧气”字样。氧气瓶的容积为 40 L，储氧最大压力为 15 MPa，但提供给焊矩的氧气压力很小，因此氧气瓶必须配备减压器。

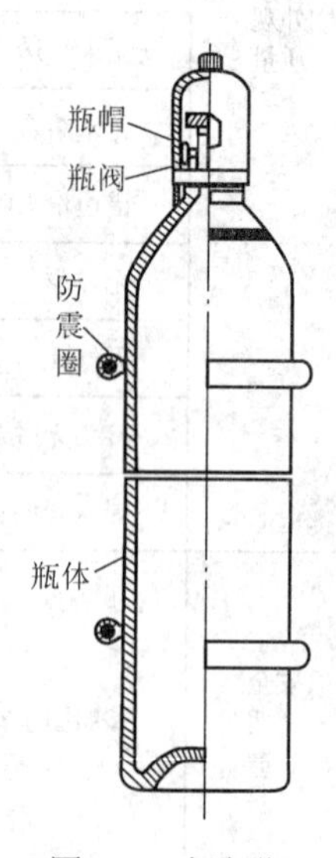

图 4-1 氧气瓶

2. 氧气瓶使用注意事项

（1）氧气瓶使用时注意直立放置并必须稳固。

（2）使用时只能用手和扳手旋取瓶帽，禁止用铁锤等物敲击瓶帽。

（3）防止氧气瓶阀开启过快。在瓶阀上安装减压器之前，应先开启瓶阀，并把阀口处的杂质吹走，轻轻地开启和关闭瓶阀，以防止爆炸。

（4）氧气瓶中的氧气不能全部用完，应留有余气，其压力应大于 0.1 MPa，以防止可燃气倒流入瓶，造成下次氧气使用时不纯。

（5）夏季露天操作时，氧气瓶应放置在阴凉处，避免阳光的强烈照射。

（6）冬季氧气瓶冻结时，不能用铁锤等物敲击和用明火加热，应用热水解冻，氧气瓶与电焊同时工作时应保持有效安全距离；运送氧气瓶禁止滚动；氧气瓶必须按期进行技术检验，每三年检验一次。

（7）氧气瓶阀不得沾有油脂，焊工不得用沾有油脂的工具、手套或油污工作服去接触氧气瓶阀、减压器等。

二、乙炔瓶

1．乙炔瓶的构造

乙炔瓶是储存溶解乙炔的钢瓶，如图 4-2 所示。在瓶的顶部装有瓶阀供开闭气瓶和装减压器用，并套有瓶帽保护；在瓶内装有浸满丙酮的多孔性填充物（活性炭、木屑、硅藻土等），丙酮对乙炔有良好的溶解能力，可使乙炔安全地储存于瓶内。当使用时，溶在丙酮内的乙炔分离出来，通过瓶阀输出，而丙酮仍留在瓶内，以便溶解再次灌入瓶中的乙炔；在瓶阀下面的填充物中心部位的长孔内放有石棉绳，其作用是促使乙炔与填充物分离。

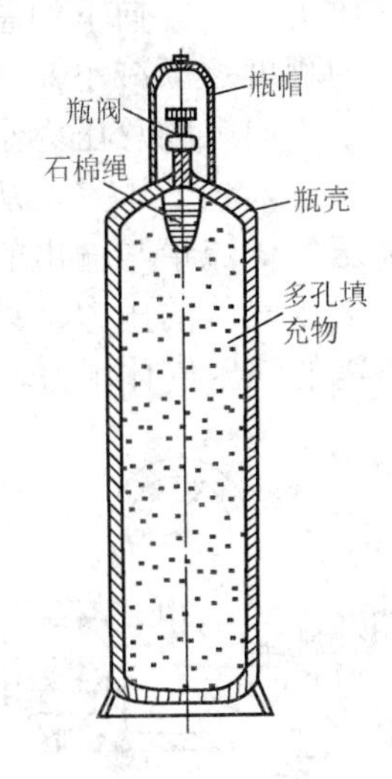

图 4-2　乙炔瓶

乙炔瓶的外壳漆成白色，用红漆写明“乙炔”字样和“火不可近”字样。乙炔瓶的工作压力为 1.5 MPa，而输往焊矩的压力很小，因此，乙炔瓶必须配备减压器，同时还必须配备回火安全器。

乙炔瓶一定要竖立放稳，以免丙酮流出；乙炔瓶要远离火源，防止受热，因为温度过高会降低丙酮对乙炔的溶解度，而使瓶内乙炔压力急剧增高，甚至发生爆炸；乙炔瓶在搬运、装卸、存放和使用时，要防止遭受剧烈的震荡和撞击，以免瓶内的多孔性填料下沉而形成空洞，从而影响乙炔的储存。

2．乙炔瓶使用注意事项

（1）乙炔瓶应避免剧烈的震动和撞击。

（2）工作时，使用乙炔的压力不允许超 0.15 MPa，输出流量不能超过 1.5～2.5 L/min。

（3）乙炔瓶阀与减压器的连接必须可靠。

（4）乙炔瓶在使用时只能直立放置，不能横放。

（5）乙炔瓶内的乙炔不能完全用完，当高压表读数为零、低压表的读数为 0.01～0.03 MPa 时，应关闭瓶阀。

（6）乙炔瓶表面的温度不应超过 30～40℃。

（7）禁止乙炔瓶与氧气瓶混放。使用时应与氧气瓶相距 5 m 以上。

三、减压器

1．减压器构造

减压器是将高压气体降为低压气体的调节装置。因此，其作用是减压、调压、量压和稳压。气焊时所需的气体工作压力一般都比较低，如氧气压力通常为 0.2 MPa～0.4 MPa，乙炔压力最高不超过 0.15 MPa。因此，必须将氧气瓶和乙炔瓶输出的气体经减压器减压后才能使用，而且可以调节减压器的输出气体压力。

减压器的工作原理如图 4-3 所示：松开调压手柄（逆时针方向），活门弹簧闭合活门，

高压气体就不能进入低压室，即减压器不工作，从气瓶来的高压气体停留在高压室的区域内，高压表量出高压气体的压力，也是气瓶内气体的压力。拧紧调压手柄（顺时针方向），使调压弹簧压紧低压室内的薄膜，再通过传动件将高压室与低压室通道处的活门顶开，使高压室内的高压气体进入低压室，此时的高压气体进行体积膨胀，气体压力得以降低，低压表可量出低压气体的压力，并使低压气体从出气口通往焊炬。如果低压室气体压力高了，向下的总压力大于调压弹簧向上的力，即压迫薄膜和调压弹簧，使活门开启的程度逐渐减小，直至达到焊炬工作压力时，活门重新关闭；如果低压室的气体压力低了，向上的总压力小于调压弹簧向上的力，此时薄膜上鼓，使活门重新开启，高压气体又进入到低压室，从而增加低压室的气体压力；当活门的开启度恰好使流入低压室的高压气体流量与输出的低压气体流量相等时，即稳定地进行气焊工作。减压器能自动维持低压气体的压力，只要通过调压手柄的旋入程度来调节调压弹簧压力，就能调整气焊所需的低压气体压力。

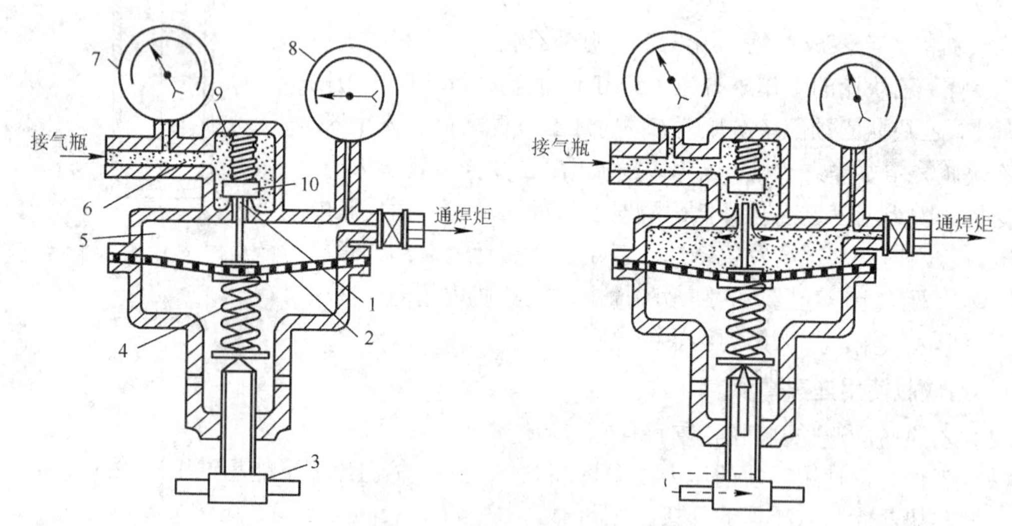

图 4-3　减压器的工作原理示意图

1—通道；2—薄膜；3—调压手柄；4—调压弹簧；5—低压室；6—高压室；7—高压表；8—低压表；9—活门弹簧；10—活门

2．减压器使用注意事项

（1）在装减压器前应首先检查连接螺丝是否匹配，螺丝是否损坏或不能使用。

（2）禁止减压器接触油污，以免发生事故。

（3）装减压器之前应先将减压器与气瓶连接处的尘土吹净，然后装上减压器，在开启气瓶时不能站在气瓶瓶嘴的正面和减压器的出气口处。

（4）开启减压器时应缓慢调节调压螺丝，以防止高压气体突然冲入低压室而使弹性薄膜装置或低压表损坏。

（5）减压器在停止使用时必须把调压螺丝松开，并把减压器内的气体全部放掉，直到低压表针为零。

（6）应避免减压器锤击和震动。

（7）若减压器损坏，出现漏气或有其他事故时，应立即对其进行修复，修复完好后方可进行使用。

四、回火安全器

回火安全器又称回火防止器或回火保险器，它是装在乙炔减压器和焊炬之间，用来防止火焰沿乙炔管回烧的安全装置。正常气焊时，气体火焰在焊嘴外面燃烧。但当气体压力不足、焊嘴堵塞、焊嘴离焊件太近或焊嘴过热时，气体火焰会进入嘴内逆向燃烧，这种现象称为回火。发生回火时，焊嘴外面的火陷熄灭，同时伴有爆鸣声，随后有“吱、吱”的声音。如果回火火陷蔓延到乙炔瓶，就会发生严重的爆炸事故。因此，发生回火时，回火安全器的作用是使回流的火焰在倒流至乙炔瓶以前被熄灭。同时应首先关闭乙炔开关，然后再关氧气开关。

图 4-4 为干式回火保险器的工作原理图。干式回火保险器的核心部件是粉末冶金制造的金属止火管。正常工作时，乙炔推开单向阀，经止火管、乙炔胶管输往焊炬。产生回火时，高温高压的燃烧气体倒流至回火保险器，由带非直线微孔的止火管吸收爆炸冲击波，使燃烧气体的扩张速度趋近于零，而透过止火管的混合气体流顶上单向阀，迅速切断乙炔源，有效地防止火焰继续回流，并在金属止火管中熄灭回火的火焰。发生回火后，不必人工复位，回火保险器又能继续正常使用。

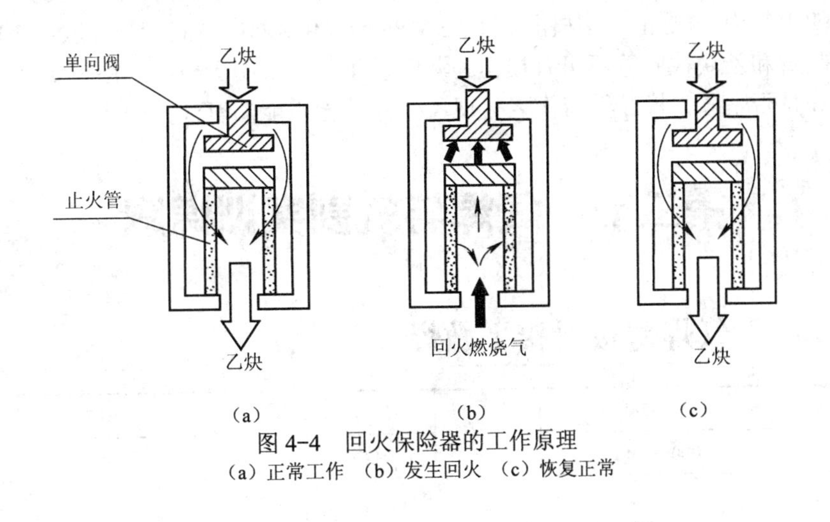

图 4-4　回火保险器的工作原理
(a) 正常工作　(b) 发生回火　(c) 恢复正常

五、焊炬

焊炬俗称焊枪。焊炬是气焊中的主要设备，它的构造多种多样，但基本原理相同。焊炬是气焊时用于控制气体混合比、流量及火焰并进行焊接的手持工具。焊炬有射吸式和等压式两种，常用的是射吸式焊炬，如图 4-5 所示。它由主体、手把、乙炔调节阀、氧气调节阀、喷射管、喷射孔、混合室、混合气体通道、焊嘴、乙炔管接头和氧气管接头等组成。它的工作原理是：打开氧气调节阀，氧气经喷射管从喷射孔快速射出，并在喷射孔外围形成真空而造成负压（吸力）；再打开乙炔调节阀，乙炔即聚集在喷射孔的外围；由于氧射流负压的作用，乙炔很快被氧气吸入混合室和混合气体通道，并从焊嘴喷出，形成焊接火焰。

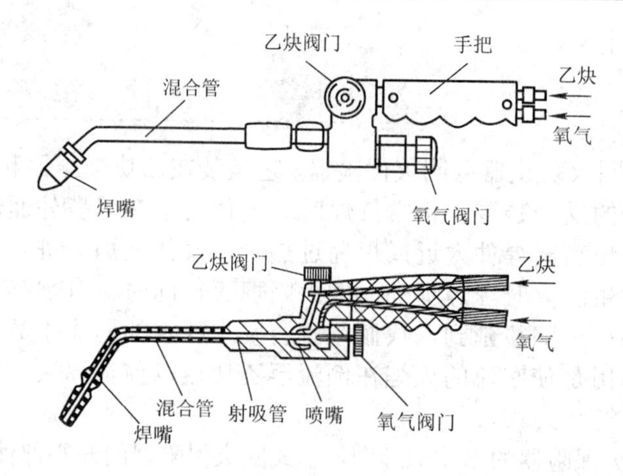

图 4-5　射吸式焊炬外形图及内部构造

六、橡胶管

橡胶管是输送气体的管道，分氧气橡胶管和乙炔橡胶管，两者不能混用。国家标准规定：氧气橡胶管为蓝色，乙炔橡胶管为红色。氧气橡胶管的内径为 8 mm，工作压力为 1.5 MPa；乙炔橡胶管的内径为 10 mm，工作压力为 0.5 MPa 或 1.0 MPa；橡胶管长一般为 10～15 m。

氧气橡胶管和乙炔橡胶管不可有损伤和漏气发生，严禁明火检漏。特别要经常检查橡胶管的各接口处是否紧固，橡胶管有无老化现象。橡胶管不能沾有油污等。

第二节　气焊与气割实训课题

课题一　手工气焊薄板对接平敷焊

母材	牌号	Q235A	焊丝	牌号	H08A
	规格	300×100×2		规格	φ2.5
焊接位置示意图			焊接方向 后倾　前倾　30°～50°　15°～20°		
焊前准备	1．手工气焊薄板对接平敷焊是利用氧-乙炔火焰作为热源在平焊位置上敷焊的一种操作方法。如上图所示 2．试件清理：将试件待焊处长 300 mm、宽 30 mm 范围内的表面油、污物、铁锈等清理干净，使其露出金属光泽 3．气焊设备：氧气瓶、乙炔瓶、减压表、焊炬等				

焊层道号	焊接方法	焊丝		氧气减压表低压调节/Mpa	乙炔减压表低压调节/Mpa	焊接走向	接头数量
		规格	数量				
1-1	OFW	φ2.5	1	0.3	0.04	从右向左	3

续表

操作要领	1. 焊道的起头：用中性焰，左向焊法，使火焰指向待焊部分，填充焊丝的端头，位于火焰的前下方，距焰心 3 mm 左右。焊道起头时，由于刚开始加热，焊炬倾斜角应大些，70°～80°为宜，这样有利于对焊件进行预热，同时在起焊处使火焰往复运动，保证焊接处加热均匀。在熔池未形成前，操作者不但要注意观察熔池的形成，而且焊丝端部置于火焰中进行预热。在形成熔池后，把焊丝加入熔池，而后立即将焊丝抬起，火焰向前移动形成新的熔池。正常焊接时，焊丝向前倾斜 15°～20°，焊炬向后倾斜 30°～50° 2. 接头方法：用火焰把原熔池重新加热熔化形成新的熔池后再加焊丝，重新开始焊接时，每次续焊应与前焊道重叠 5～10 mm，重叠焊道时要少加或不加焊丝，才能保证焊缝高度合适及圆滑过渡 3. 收尾方法：当焊到焊件的终点时，应减小焊枪与焊件的夹角，同时要增加焊接速度和多加一些焊丝，以防止熔池扩大，造成烧穿 4. 焊接过程中注意保持焊枪、焊丝角度和运动的均匀性
安全要求	1. 焊前注意加强个人防护，穿戴好劳保用品，严格遵守手工气焊的安全操作要求；检查氧气、乙炔胶管连接处是否有松动现象，防止气体发生泄漏 2. 焊接点火时要注意操作方法，以免烧伤自己及他人 3. 焊接过程中不允许随意拉扯胶管，以免拉倒气瓶，引发事故；发生回火，要及时处理 4. 焊后关闭火焰，焊炬要小心轻放；不能用手直接触摸焊件，防止烫伤 5. 焊后必须把焊件表面飞溅物清理干净，每天工作完毕清理现场

评　分　表

班级　　　　　　　　　　　　姓名　　　　　　　　　　年　　月　　日

考件名称	手工气焊薄板对接平敷焊	考核时间	15 min	总分	
项目	考核技术要求	配分	评分标准		得分
焊缝外观质量	焊缝余高（h）$0 \leqslant h \leqslant 3$ mm	8	每超差 1 mm 扣 2 分		
	焊缝余高差（h_1）$0 \leqslant h_1 \leqslant 2$ mm	5	每超差 1 mm 扣 1 分		
	焊缝宽度 4～6 mm	5	每超差 1 mm 扣 1 分		
	焊缝宽度差（c_1）$0 \leqslant c_1 \leqslant 2$ mm	5	每超差 1 mm 扣 1 分		
	焊缝边缘直线度误差≤3 mm	8	每超差 1 mm 扣 1 分		
	咬边缺陷深度 $F \leqslant 0.5$ mm，累计长度 <30 mm	8	每超差 1 mm 扣 2 分，扣完为止		
	无烧穿	6	每出现一处缺陷扣 3 分		
	无未熔合	5	出现缺陷不得分		
	起头良好	6	不符合质量要求不得分		
	无焊瘤	6	每出现一处焊瘤扣 2 分		
	收尾处弧坑填满	6	弧坑深超过 1 mm 不得分		
	无气孔	6	每出现一处气孔扣 2 分		
	接头无脱节	6	每出现一处脱节扣 3 分		
	焊缝表面波纹细腻、均匀，成形美观	10	根据成形酌情扣分		
安全文明生产	按照国家安全生产法规有关规定考核	5	1. 劳保用品穿戴不全，扣 2 分 2. 焊接过程中有违反安全操作规程的现象，根据情况扣 2～5 分 3. 焊完后场地清理不干净，工具码放不整齐，扣 3 分		
时限	焊件必须在考核时间内完成	5	超时<2 min 扣 2 分 超时 3～5 min 扣 5 分 超时>10 min 不及格		
个人小结					

课题二　手工直线气割操作

母材	牌号	Q235A
	规格	300×200×8

气割位置示意图	气割方向

操作准备	1．手工气割是利用氧-乙炔火焰作为热源将割件待切割处附近预热到一定温度后，喷出高速切割氧流，使其燃烧以实现金属切割的一种操作方法。如上图所示 2．试件清理：将试件待割处长300 mm、宽30 mm范围内的表面油、污物、铁锈等清理干净，使其露出金属光泽。割件下面用耐火砖垫空，以便排放熔渣 3．气割设备：氧气瓶、乙炔瓶、减压表、割炬等

割炬型号	割嘴号码	氧气减压表低压调节/MPa	乙炔减压表低压调节/MPa	切割速度/（mm/min）	割嘴到割件表面的距离/mm	气割方向
G01-30	2#	0.5	0.05	500	3～5	从右向左

操作要领	1．起割：点火后，将火焰调节为中性焰后，双脚成“八”字形蹲在割件的一旁，割嘴垂直于割件。起割点应在割件的边缘，待边缘预热到亮红色时，将火焰移到边缘以外，同时，慢慢打开切割氧阀门。当看到预热的亮红点在氧流中被吹掉，再进一步加大切割氧阀门 2．正常气割过程：为了保证割缝质量，在整个气割过程中，割炬移动的速度要均匀，割嘴到割件的表面距离应保持一致。倘若气割者的身体要更换位置时，应预先关闭切割氧阀门，待身体的位置移好后，再将割嘴对准割缝的接割处适当加热，然后慢慢打开切割氧阀门，继续向前气割 3．停割：气割过程临近终点停割时，割嘴移动应慢些，使钢板的下部割透后，先关闭切割氧阀门，再关闭乙炔阀门和预热氧阀门
安全要求	1．气割前注意加强个人防护，穿戴好劳保用品，严格遵守手工气割的安全操作要求；检查氧气、乙炔胶管连接处是否有松动现象，防止气体发生泄漏 2．气割点火时要注意操作方法，以免烧伤自己及他人 3．气割过程中不允许随意拉扯胶管，以免拉倒气瓶，引发事故；发生回火，要及时处理 4．气割后关闭火焰，割枪要小心轻放；不能用手直接触摸割件，防止烫伤 5．气割后必须把割件表面熔渣清理干净，每天工作完毕清理现场

评 分 表

班级　　　　　　　　　　　　　姓名　　　　　　　　　　年　　月　　日

考件名称	手工直线气割操作	考核时间	15 min	总分	
项目	考核技术要求	配分	评分标准		得分
割缝外观质量	割缝边缘直线度误差≤3 mm	8	每超差 1 mm 扣 2 分		
	割缝起头良好，无崩塌现象	8	每超差 1 mm 扣 2 分		
	割缝接头良好	8	每超差 1 mm 扣 2 分		
	收尾处无未割透	5	出现缺陷不得分		
	回火及时处理	8	处理不当不得分		
	氧气表低压调节合适	6	每超差 0.1 MPa 扣 2 分		
	乙炔表低压调节合适	8	每超差 0.01 MPa 扣 2 分		
	点火动作规范	6	每出现一处错误扣 2 分		
	停割应关闭切割氧阀门	6	每出现一次错误扣 3 分		
	气割结束关闭气体顺序要正确	6	每出现一处错误扣 2 分		
	割件无未割透现象	6	每出现一处扣 3 分		
	割缝表面波纹细腻、均匀，平直美观	10	根据成形酌情扣分		
安全文明生产	按照国家安全生产法规有关规定考核	10	1. 劳保用品穿戴不全，扣 2 分 2. 气割过程中有违反安全操作规程的现象，根据情况扣 2～5 分 3. 工作结束后场地清理不干净，工具码放不整齐，扣 3 分		
时限	割件必须在考核时间内完成	5	超时＜2 min 扣 2 分 超时 3～5 min 扣 5 分 超时＞10 min 不及格		
个人小结					